Flávia Da Silva Bortoloti

Sviluppi territoriali

AF514800

Flávia Da Silva Bortoloti

Sviluppi territoriali

Il programma di credito fondiario a Londrina e Tamarana - PR

ScienciaScripts

Imprint
Any brand names and product names mentioned in this book are subject to trademark, brand or patent protection and are trademarks or registered trademarks of their respective holders. The use of brand names, product names, common names, trade names, product descriptions etc. even without a particular marking in this work is in no way to be construed to mean that such names may be regarded as unrestricted in respect of trademark and brand protection legislation and could thus be used by anyone.

Cover image: www.ingimage.com

This book is a translation from the original published under ISBN 978-613-9-65188-7.

Publisher:
Sciencia Scripts
is a trademark of
Dodo Books Indian Ocean Ltd. and OmniScriptum S.R.L publishing group

120 High Road, East Finchley, London, N2 9ED, United Kingdom
Str. Armeneasca 28/1, office 1, Chisinau MD-2012, Republic of Moldova, Europe
Printed at: see last page
ISBN: 978-620-7-85468-4

Copyright © Flávia Da Silva Bortoloti
Copyright © 2024 Dodo Books Indian Ocean Ltd. and OmniScriptum S.R.L publishing group

"Ai miei genitori, Antônia e Antônio, che mi hanno sempre sostenuto in questa impresa, non risparmiando alcuno sforzo affinché un'altra tappa della mia vita accademica potesse essere completata".

RICONOSCIMENTI

Ad Antônia e Antônio, genitori dedicati, meravigliosi, singolari. Senza di loro, nulla nella mia vita sarebbe possibile.

A Dona Fátima, una persona illuminata che Dio ha messo sul mio cammino, sostenendomi anche da lontano.

A tutte le famiglie che ho visitato, perché senza di loro questo lavoro sarebbe irrealizzabile. Per avermi accolto e condiviso con me la loro realtà.

Ad Andréia e Karen, amate sorelle che mi hanno sempre incoraggiato.

A Luiz Felipe, il mio amato figlioccio che, anche da lontano, rende felici le mie giornate.

A Eliane, più che un supervisore, la mia "madre intellettuale". Ha sempre creduto e incoraggiato il mio lavoro.

A Rafael, senza il quale le indagini sul campo non sarebbero state possibili. Per la sua spalla su cui appoggiarsi, per aver creduto in me quando tutto sembrava perduto.

Alle mie zie Vera e Cida per il loro incondizionato incoraggiamento.

A Ricardo Venturelli, per tutto, per avermi ascoltato lamentarsi, per essersi lamentato con me, per la sua compagnia, per le mappe e i materiali sviluppati per questo lavoro.

A Carlos Bortolo, caro amico, per le infinite conversazioni.

A Vanessa, un'amica che porta sempre nuove idee e per la sua amicizia incondizionata.

A Maria Abadia (Bá), per la sua amicizia, i suoi consigli e per aver creduto che potessi fare la differenza in modo positivo.

Ai tecnici di EMATER, Paulo Mrtvi e Marcelo Campos, che, oltre a fornire preziose informazioni, hanno fornito molte delle foto e delle mappe che compaiono in questo lavoro.

A Marcio Silva della Segreteria dell'Agricoltura e dell'Approvvigionamento del Paraná - Curitiba

Ai miei compagni di master.

Ai professori della commissione d'esame.

Agli insegnanti del Dipartimento di Geografia che hanno contribuito fin dall'inizio della mia laurea e mi hanno incoraggiato ad andare avanti.

Alla Fondazione Araucária per il sostegno finanziario nel 2009/2010.

"La *proprietà della terra presuppone che alcune persone abbiano il monopolio di disporre di certe porzioni del globo come sfere private della loro particolare volontà, escludendo tutte le altre volontà" (Karl Marx).*

SOMMARIO

L'obiettivo di questa ricerca è analizzare la questione agraria brasiliana, considerando tutto ciò che va dalla costituzione del latifondo al nuovo volto della riforma agraria, adottato dallo Stato brasiliano ma guidato dagli ideali neoliberali di organizzazioni finanziarie internazionali come la Banca Mondiale, che si concretizzano nello spazio attraverso i Programmi di Credito Fondiario. Proponiamo quindi di esaminare il modo in cui avviene la riorganizzazione fondiaria, attraverso le azioni intraprese da agenti del capitale nazionale e internazionale con il sostegno dello Stato brasiliano; Agiscono sulla struttura fondiaria non con l'intenzione di cambiarla, ma piuttosto per renderla ancora più concentrata e inaccessibile a migliaia di lavoratori in lotta per la terra, agendo sempre dove c'è tensione, nel tentativo di destrutturare i movimenti sociali e le lotte storiche per l'accesso alla terra, trasformando così la riforma agraria da un problema sociale ed economico a una questione di mercato, attraverso programmi che favoriscono l'acquisto e il finanziamento della terra, a scapito dell'espropriazione e della ridistribuzione. In questo articolo esamineremo anche la contraddittoria ri-creazione del contadino all'interno del modo di produzione capitalista, utilizzando come parametro il programma di credito fondiario del Banco da Terra. Combiniamo due scale di analisi: una incentrata sulle implicazioni generali della questione agraria brasiliana e l'altra su questo programma di intervento pubblico nel sistema fondiario del Paese, per posizionare il dibattito a partire da un'indagine empirica: i gruppi del Banco da Terra a Londrina e Tamarana.

Parole chiave: Programmi di credito fondiario. Ricreazione contadina.

Riqualificazione del territorio. Banca del territorio.

SOMMARIO

INTRODUZIONE

Dall'ingresso del Brasile nel meccanismo di scambio ineguale come colonia sfruttatrice e dalla donazione delle capitanerie e delle sesmarias ereditarie, la struttura della proprietà terriera brasiliana ha avuto un forte carattere di esclusione e concentrazione, motivo per cui abbiamo cercato di discutere come questa caratteristica si sia intensificata dopo l'adozione delle politiche sostenute dalla Banca Mondiale (BM) per risolvere i conflitti fondiari nei Paesi classificati come periferici.

Questa discussione si basa sull'analisi del programma di credito fondiario del Banco da Terra, istituito dalla Legge complementare n. 93 del 1998 e dal Decreto n. 3475 del 2000, che è stato abolito nel febbraio 2003. Tuttavia, solo la nomenclatura non esiste più, poiché il programma è ancora in funzione con il nome di Piano Nazionale di Credito Fondiario (PNCF), imponendo così una nuova dinamica al mercato fondiario in Brasile. Abbiamo quindi cercato di verificare come questi processi si concretizzino a Londrina e Tamarana.

La questione agraria brasiliana è stata discussa per molti anni, non solo nel campo della geografia. Tuttavia, mancano studi specifici sulle politiche fondiarie, in particolare su quelle istituite nell'ambito del credito fondiario. Questo lavoro è quindi giustificato dall'importanza di raccogliere dati coerenti sui progetti in corso e dalla possibilità di contribuire, grazie a questo studio, con parametri per l'azione pubblica nella gestione della terra nel Paese.

Sottolineiamo l'importanza di discutere i modi in cui è stato attuato il modello di riqualificazione fondiaria guidato dal mercato, a scapito della riforma agraria, ovvero l'espropriazione della terra che non svolge la sua funzione sociale. Questa ricerca si caratterizza anche per la problematizzazione dei conflitti territoriali che sono al centro della lotta per la riforma agraria e per l'approfondimento della comprensione della questione agraria in Brasile.

È inoltre importante indagare la contraddittoria ri-creazione del contadino e gli ostacoli al mantenimento della logica contadina di fronte alle imposizioni del progetto di credito fondiario. Crediamo così di poter contribuire alla formulazione di parametri di azione per i movimenti di lotta per la terra, nonché alla promozione di politiche pubbliche alternative a quelle attuate nei casi in questione.

Infine, questo lavoro mira a comprendere il ruolo di mediazione dello Stato nella questione della proprietà privata della terra e a capire il significato della mediazione delle organizzazioni finanziarie globali nella questione agraria nei Paesi periferici.

La scelta di questo tema è partita da un articolo pubblicato al 3° Simposio Internazionale di Geografia Agraria, tenutosi a Londrina nel 2007, che ha finito per stimolare il nostro ingresso nel Programma di Iniziativa Scientifica dell'Università Statale di Londrina, dove abbiamo condotto studi sul Gruppo del Re della Lattuga.

La nostra metodologia di ricerca ha utilizzato dati secondari provenienti da istituzioni come l'Istituto brasiliano di assistenza ed estensione rurale (EMATER), il Ministero dello sviluppo agrario (MDA), la Segreteria per l'agricoltura e l'approvvigionamento del Paraná (SEAB), il Dipartimento dell'economia rurale (DERAL) e l'Istituto nazionale per la colonizzazione e la riforma agraria (INCRA), nonché la raccolta di dati primari attraverso il lavoro sul campo in tutti i progetti del Banco da Terra nei comuni di Londrina e Tamarana, come illustrato nella Figura 1.

La raccolta dei dati primari si è svolta tra febbraio e luglio 2010, attraverso visite e interviste guidate dal questionario presentato nell'Appendice I. Gli otto progetti studiati contano un totale di 210 famiglie, come mostrato nella Tabella 2 e nella Tabella 3; abbiamo scelto la metà di queste famiglie da intervistare come universo di analisi.

Nel primo capitolo, "La questione agraria brasiliana: dalla costituzione del latifondo alla politica del credito fondiario", si affrontano le questioni più generali della struttura fondiaria brasiliana, evidenziando come è stata affrontata nel Brasile coloniale, nella Vecchia Repubblica, nella Nuova Repubblica, nel governo militare e, infine, nelle amministrazioni neoliberali dei governi successivi al 1990.

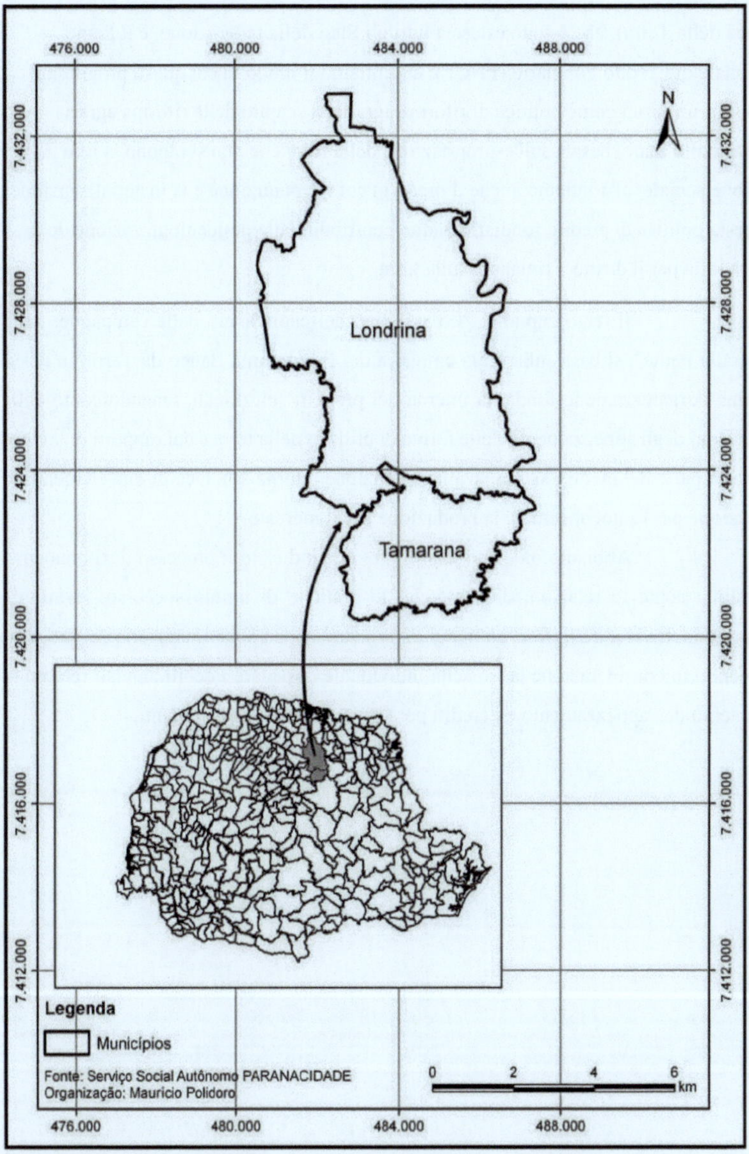

Figura 1 - Posizione geografica dei comuni di Londrina e Tamarana

Il secondo capitolo, "L'implementazione e il funzionamento dei programmi di credito fondiario in Brasile", studia il funzionamento dei programmi Cédula da Terra (Credito Fondiario), un progetto pilota che ha riguardato gli Stati di Ceará, Maranhão, Pernambuco, Bahia e la regione settentrionale di Minas Gerais; il Banco da Terra

(Banca della Terra), che è stato esteso a tutti gli Stati della federazione; e il Piano Nazionale di Credito Fondiario (PNCF). Discutiamo il modo in cui questi programmi sono stati utilizzati come politica di riforma agraria, a scapito della riforma agraria guidata dallo Stato, basata sull'espropriazione delle terre che non svolgono la loro funzione sociale; affrontiamo anche il modo in cui la conduzione e la materializzazione di questa politica di credito fondiario hanno contribuito alla de-ideologizzazione della storica lotta per il diritto a rimanere sulla terra.

Il terzo capitolo, "Lo sviluppo del capitalismo nelle campagne: dalle teorie alla realtà", si basa sulla scala empirica del Programma Banco da Terra, in cui si esamina l'organizzazione fondiaria interna dei progetti selezionati, tenendo conto delle dimensioni degli appezzamenti, delle forme di utilizzo della terra e dei rapporti di lavoro; in questa parte del lavoro, si analizza la produzione interna alla luce di due elementi: la produzione per l'autoconsumo e la produzione per il mercato.

Abbiamo indagato le strutture che indicano il processo di ri-creazione contadina, come le relazioni di parentela, le pratiche di mutuo soccorso, le attività comunitarie, tra le altre. Infine, abbiamo esaminato la situazione finanziaria dei progetti, prendendo in considerazione la capacità individuale di pagare i debiti annuali relativi al pagamento dell'appezzamento e i crediti per finanziamenti e investimenti.

CAPITOLO 1

LO SVILUPPO DEL CAPITALISMO NELLE CAMPAGNE: DALLE TEORIE ALLA REALTÀ

Il capitalismo, secondo il marxismo classico, è il sistema di produzione che mira a ottenere e massimizzare i profitti. A tal fine, adotta come premessa fondamentale la separazione dell'uomo lavoratore dai mezzi di produzione, rendendolo "libero" per il lavoro salariato che, attraverso l'estrazione del plusvalore (lavoro non pagato), concretizza il profitto del capitalista.

> [...] i lavoratori diventano lavoratori liberi, cioè liberati da ogni proprietà che non sia la proprietà della loro forza lavoro, della loro capacità di lavorare. [...] Diventano liberi anche nel senso che non sono soggiogati da nessuno, da un proprietario terriero o da un padrone schiavista. Oltre a essere liberi, sono quindi uguali a coloro che possiedono la proprietà (MARTINS, 1986, p. 152).

Nella società capitalista, la condizione di persona deriva da relazioni di scambio. Da un lato, il lavoratore riceve l'unica merce che ha da offrire, la forza lavoro; dall'altro, il capitalista, che possiede i mezzi di produzione e ha bisogno della forza lavoro di un altro per produrre beni. Pertanto, come sottolinea Martins (1986, p. 153), "una persona esiste solo attraverso un'altra".

> [...] per entrare nella relazione di scambio, ogni persona deve essere ogni persona, individualizzata, libera e uguale a tutte le altre; allo stesso tempo, ogni persona non è mai ogni persona, perché l'esistenza della persona dipende totalmente da tutte le altre persone, dalle relazioni che ogni persona stabilisce con le altre. Ogni persona è creata nella persona dell'altra (MARTINS, p. 153).

Come insegna Martins (1986), solo il lavoro crea valore e questo valore è misurato dal numero di ore di lavoro socialmente necessarie per produrre la merce. Il valore della forza lavoro è misurato dalla parte del valore creato dal lavoratore con il suo lavoro, che gli ritorna sotto forma di salario. I salari sono il denaro pagato ai lavoratori affinché possano acquistare sul mercato le cose e i servizi di cui hanno bisogno per riprodursi come lavoratori.

> Non possedendo più nulla che gli permetta di trasformare la sua capacità lavorativa in uno strumento di autonomia, di un altro tipo di libertà, come quella dell'artigiano o del contadino che lavora per se stesso, il salario che riceve è concepito come l'equivalente di ciò di cui ha bisogno: i mezzi di vita necessari alla sua riproduzione sociale (MARTINS, 1986, p. 155, corsivo dell'autore).

I salari non sono determinati dalla volontà particolare del singolo capitalista, ma dal tasso di profitto del capitale socialmente determinato. Pertanto, un capitalista non può pagare salari troppo alti, perché il suo tasso di profitto scenderebbe al di sotto della media dei profitti realizzati dagli altri capitalisti. A meno che non sia in grado di recuperare il suo profitto in un certo periodo di tempo, questo capitalista inizierà a subire perdite e, in una situazione limite, dovrà smettere di essere un capitalista.

Quindi,

> Il capitale non è al servizio del capitalista. Al contrario, è il capitalista che è al servizio del capitale. Il capitale è la cosa che domina la persona, non solo il lavoratore, ma anche il capitalista. Solo allora il lavoratore perde e il capitalista vince (MARTINS, 1986, p. 154).

Il rapporto sociale capitalista presuppone relazioni tra persone giuridicamente uguali (concetto discusso nel capitolo I), ma allo stesso tempo produce risultati economici profondamente diseguali tra loro, salario e profitto, personificati da persone diseguali, il lavoratore e il capitalista. Questo è possibile solo nella misura in cui il lavoro appare come proprietà del capitale e non del lavoratore, rendendolo alienato dal lavoro.

> L'illusione di uguaglianza e di equivalenza che permea questo rapporto di scambio ineguale, facendo apparire come prodotto del capitale ciò che è il prodotto del lavoro, fa sì che l'operaio si trovi di fronte alla ricchezza che egli stesso produce, e che cresce sotto forma di capitale, come se fosse estranea a lui, alienata da lui. [...] si vede non come è, ma come appare, come uguale e libero; non come se il capitale dipendesse da lui o dal suo lavoro, ma come se lui dipendesse dal capitale. Diventa un estraneo al suo lavoro, al suo lavoro. [...] Questo è ciò che si intende quando si parla di alienazione del lavoratore nella società capitalista. Egli non appare come il creatore della ricchezza, del capitale, ma come una creatura del capitale stesso (MARTINS, 1986, p. 156-157).

Finora abbiamo spiegato le basi dei rapporti di produzione capitalistici per comprendere lo sviluppo del capitalismo nelle campagne. Dobbiamo quindi affermare chiaramente che i rapporti capitalistici sono rapporti sociali che presuppongono uno scambio tra capitale e lavoro. A tal fine, la separazione

tra il lavoratore e i mezzi di produzione. Il capitale deve quindi essere inteso come il prodotto del lavoro non pagato, del plusvalore, della conversione del lavoro in capitale, che supera quello che si è concretizzato in salario.

Lo sviluppo del capitalismo non funziona allo stesso modo nell'industria e nell'agricoltura, perché le differenze derivano dal comportamento ineguale del tempo di lavoro e del tempo di produzione in questi settori produttivi. Ciò può essere compreso solo sulla base della teoria del valore del lavoro, che ritiene che il valore di scambio di qualsiasi merce, sia essa prodotta in forma tipicamente capitalistica o meno, sia determinato dal tempo di lavoro socialmente necessario per produrla (PAULINO; ALMEIDA, 2010).

> Il tempo di lavoro è sempre tempo di produzione, il che equivale a dire che è un tempo durante il quale il capitale è saldamente trattenuto in attesa della produzione. Ma non è vero il contrario, cioè non tutto il tempo in cui il capitale è trattenuto nel processo produttivo è necessariamente tempo di lavoro. Il tempo di produzione si compone di due parti: un periodo in cui il lavoro è effettivamente applicato alla produzione e un secondo periodo in cui la merce "non finita" deve attendere l'influenza dei processi naturali, senza sottoporsi contemporaneamente al processo del lavoro (MARX, 1974, p. 242).

Paulino e Almeida (2010, p. 31) affermano che:

> [...] il valore, e quindi il plusvalore, non è uguale al tempo che dura la fase di produzione, ma coincide con il tempo di lavoro materializzato e vivo impiegato durante la fase esatta della produzione. Separando analiticamente il tempo di lavoro dal tempo di produzione "improduttivo", possiamo vedere che quanto più il tempo di produzione e il tempo di lavoro coincidono, tanto maggiore è la produttività e l'autoespansione del capitale. In questo modo, l'agricoltura tipicamente capitalista si espande nei settori di attività in cui il tempo di produzione può essere ridotto con successo, mentre i settori che dipendono naturalmente da questo divario temporale vengono esclusi. A sua volta, l'opposto tende a respingere gli investimenti capitalistici, le lacune che la classe contadina sfrutta per ricrearsi.

Attraverso processi artificiali, l'industria riesce ad equiparare i tempi di produzione a quelli di lavoro. In agricoltura, invece, non è così, perché oltre all'energia umana, per realizzare la produzione sono necessari cicli naturali con tempi di lavoro variabili e rigorosamente indipendenti.

Secondo Paulino e Almeida (2010, p. 31)

> [...] un intervallo apprezzabile separa la semina dal raccolto, durante il quale l'aumento di valore è nullo, perché se alcuni interventi possono abbreviare il ciclo di germinazione, sviluppo e maturazione, non possono eliminarlo completamente, e lo stesso vale per la produzione animale.

Sappiamo che la merce acquista valore solo quando entra nel processo di circolazione, cioè nel mercato. Di conseguenza,

> [...] quanto più breve è il tempo in cui l'energia vitale viene consumata per produrre una merce, insieme alla minore quantità di denaro immobilizzato per farlo, tanto maggiore è la quantità potenziale di plusvalore da estrarre, perché i capitalisti possono persino pagare i salari utilizzando il valore

> creato dagli stessi lavoratori, già convertito in denaro nel processo di circolazione. [D'altra parte, quanto più una merce è deperibile e quanto maggiore è la restrizione del suo tempo di circolazione dovuta alle sue caratteristiche naturali, tanto meno è adatta alla produzione capitalistica. [Di conseguenza, l'unità capitalistica che mira a rendimenti rapidi e alla creazione di valore non può trovare nell'agricoltura le condizioni ideali per la sua realizzazione, se non in quelle situazioni in cui il reddito è elevato [...] (PAULINO; ALMEIDA, 2010, p. 31-32).

Come abbiamo già detto, il capitale è il prodotto del lavoro e, per comprendere lo sviluppo del capitalismo in agricoltura, dobbiamo evidenziare la contraddizione tra terra e capitale. La terra è un bene naturale, finito e impossibile da riprodurre. In questo modo, la terra non ha valore perché non è prodotta dal lavoro, né può essere intesa come capitale, poiché non è un prodotto del capitale. Nello stesso modo in cui il capitale si appropria del lavoro (monopolizzando i mezzi di produzione), può appropriarsi della terra, può far sì che la terra, che non è un prodotto del lavoro né del capitale, appaia dominata da esso. Così come il capitalista deve pagare un salario per appropriarsi della forza lavoro dell'operaio, deve anche pagare un affitto per appropriarsi della terra.

Secondo Marx (1977, p. 714), la rendita fondiaria "[...] assume la forma di una certa somma che il proprietario del suolo riceve annualmente per l'affitto di un pezzo del globo". La rendita fondiaria è quindi la licenza per lo sfruttamento capitalistico della terra.

Il significato della contraddizione tra terra e capitale sta nel pagamento della rendita fondiaria. Nel momento in cui il capitalista paga per il suo utilizzo, immobilizza improduttivamente questa parte del suo capitale, esclusivamente allo scopo di

rimuovere l'ostacolo che la proprietà della terra rappresenta nel capitalismo, la riproduzione del modo capitalistico in agricoltura.

Il pagamento dell'affitto della terra, secondo Martins (1986, p. 162):

> [...] rappresenta quindi un'irrazionalità per il capitale. Ciò non significa, tuttavia, che l'appropriazione della terra da parte del capitale impedisca il suo utilizzo secondo i criteri capitalistici. La subordinazione della proprietà della terra al capitale avviene proprio perché essa produca sotto il dominio e secondo i presupposti del capitale. L'appropriazione capitalistica della terra permette al lavoro che si svolge su di essa, il lavoro agricolo, di diventare subordinato al capitale.

La terra, prodotta secondo i criteri capitalistici, appropriata come se fosse capitale, diventa l'equivalente del capitale. Tuttavia, per quanto la terra appaia come capitale, questo non la rende effettivamente tale, perché ciò che produce, dal punto di vista capitalistico, è diverso da ciò che produce il capitale. Il capitale produce profitto attraverso l'estrazione del plusvalore, il lavoro produce salario e la terra produce reddito (MARTINS, 1986).

A differenza del profitto, che deriva dalla produzione, poiché il plusvalore viene estratto dal lavoratore dal capitale nel processo di produzione, la rendita fondiaria deriva dalla distribuzione del plusvalore.

Come aveva già avvertito Martins (1986, p. 162-163), è nel processo di produzione che il lavoratore produce il suo salario e il capitalista estrae il suo profitto. "Quando [il capitalista] paga l'affitto al proprietario, non sta producendo nulla; sta distribuendo parte del plusvalore che ha estratto dai suoi lavoratori".

La rendita fondiaria è un'imposta pagata dalla società nel suo complesso, pagata da "tutti coloro che hanno bisogno di vivere, di nutrirsi, di vestirsi e di vivere, perché tutto questo richiede la terra" (PAULINO; ALMEIDA, 2010, p. 83).

Secondo Martins

> Sebbene il capitale paghi un affitto per l'uso della terra, in realtà il proprietario terriero condivide con il proprietario del capitale anche il saccheggio che ha praticato da solo contro gli operai. [...] Essa [la rendita fondiaria] appare dapprima nelle mani del capitalista come se fosse un profitto straordinario, che egli non pensa di avere il diritto di trattenere per sé, perché per lui il profitto è il compenso per la proprietà degli strumenti di produzione, proporzionale al valore che questi mezzi hanno. Si tiene la sua parte e la passa al proprietario terriero (MARTINS, 1995, pp.163-164).

Tuttavia, capitalista e proprietario terriero, due soggetti oggettivamente distinti e contrapposti, possono apparire uniti dal loro comune interesse ad appropriarsi del plusvalore prodotto dai lavoratori, e possono anche apparire unificati in un'unica figura, quella del proprietario terriero che è anche proprietario del capitale.

Quando il capitalista acquista la terra, non è necessariamente interessato alla terra stessa, ma all'affitto della terra; in realtà sta acquistando il diritto di appropriarsi di una parte del plusvalore sociale.

> Quando il capitalista acquista la terra, converte il suo capitale in reddito capitalizzato, reddito anticipato, il diritto di estrarre un reddito dalla terra e allo stesso tempo il diritto di recuperare il suo capitale per intero e persino con un aumento, semplicemente convertendo il reddito capitalizzato in capitale (MARTINS, 1986, p. 167).

La conversione del reddito capitalizzato in capitale, a cui l'autore fa riferimento, avviene attraverso la vendita della terra, in lotti o nella sua interezza, situazione in cui la rendita fondiaria viene riscossa tutta in una volta, o attraverso l'affitto di parti della proprietà a piccoli produttori.

Nel modo di produzione capitalistico, quindi, la terra non è solo uno strumento di produzione, ma funge anche da riserva di valore e da garanzia per ottenere credito.

Tuttavia, lo sviluppo del capitalismo nelle campagne non può essere compreso attraverso una lettura lineare, ritenendo che il capitalismo agisca nelle campagne nello stesso modo omogeneo in cui ha agito nell'industria.

Abbiamo analizzato la campagna brasiliana, ritenendo che lo sviluppo del capitalismo sia contraddittorio, ineguale (Oliveira, 1991) e permeato di eterogeneità. Contraddittorio perché, mentre estrae profitto attraverso il lavoro salariato, crea e ricrea relazioni di lavoro non capitalistiche (partenariato, lavoro familiare contadino).

Pertanto,

> [...] il capitale non espande assolutamente il lavoro salariato, il suo rapporto di lavoro tipico, in ogni angolo e luogo, distruggendo totalmente e assolutamente il lavoro familiare contadino. Al contrario, il capitale lo crea e lo ricrea in modo che la sua produzione sia possibile e, con essa, si possano creare anche nuovi capitalisti (OLIVEIRA, 1991, p. 20).

> [...] lo sviluppo del capitalismo deve essere inteso come un processo (contraddittorio) di riproduzione capitalistica allargata del capitale. E questo come riproduzione di forme sociali non capitalistiche, anche se la logica, la dinamica, è pienamente capitalistica; in questo senso, il capitalismo si nutre di realtà non capitalistiche, e queste disuguaglianze non appaiono come incapacità storiche da superare, ma mostrano le condizioni ricreate dallo sviluppo capitalistico. In altre parole, l'espansione del modo di produzione capitalistico (nella sua riproduzione capitalistica allargata del capitale), oltre a ridefinire le vecchie relazioni subordinandole alla sua produzione, genera relazioni non capitalistiche che sono ugualmente e contraddittoriamente necessarie per la sua riproduzione (OLIVEIRA, 1981, apud PAULINO; ALMEIDA, 2010, p. 29).

Di conseguenza, esistono due logiche distinte in agricoltura: quella contadina e quella aziendale. La logica dell'agricoltura contadina si basa sul lavoro autonomo, sulla riproduzione familiare e sulla terra di lavoro, mentre la logica dell'agricoltura aziendale si basa sulla riproduzione del capitale, sul lavoro salariato e sulla terra aziendale. Queste logiche portano a forme diverse di appropriazione della terra e di (ri)produzione dello spazio. "La vita contadina non è organizzata dalle esigenze del mercato, come l'unità capitalista; è un modo di esistenza sociale reso possibile da un modo di produzione" (PAULINO; ALMEIDA, 2010, p. 19).

La produzione contadina nelle campagne si limita alla sopravvivenza e non alla ricerca del profitto medio. Nel lavoro contadino, parte della produzione è destinata al consumo diretto dei membri dell'unità produttiva e l'eccedenza viene commercializzata sotto forma di merce. Come espresso da Oliveira (1995), esiste solo la circolazione semplice delle merci (M-D-M), in cui i beni prodotti vengono commercializzati con l'obiettivo di convertirli in denaro per ottenere altri beni necessari a soddisfare i bisogni.

La produzione capitalistica si basa sulla realizzazione di un profitto e, affinché ciò avvenga, è necessario che la circolazione del capitale avvenga nelle sue due forme: la circolazione semplice del capitale (D-M-D) e la circolazione allargata del capitale (D-M-D'), in cui il denaro iniziale (ottenuto attraverso la commercializzazione delle merci) viene utilizzato per produrre altre merci che, una volta commercializzate, porteranno al capitalista più denaro di quello immobilizzato all'inizio della produzione, generando un profitto.

Ci troviamo di fronte a due logiche produttive distinte che sembrano non poter coesistere, perché c'è l'idea che l'instaurazione del modo di produzione capitalista porterebbe alla distruzione del contadino, come sostenuto da Lenin (1980, 1982), Kautsky (1980) e altri teorici. Tuttavia, la produzione contadina sopravvive all'interno del modo di produzione capitalista e ciò è dovuto, come già sottolineato, al fatto che il capitalismo utilizza rapporti di produzione non capitalisti per riprodursi.

Come questo,

> [...] è molto importante distinguere tra la produzione di capitale e la riproduzione capitalistica del capitale. La produzione di capitale non è mai capitalista, non è mai il prodotto di rapporti di produzione capitalisti, basati quindi sul capitale e sul lavoro salariato. Pertanto, non solo i rapporti di produzione non capitalistici possono essere dominati e riprodotti dal capitale, come nel caso della proprietà familiare contadina, ma alcuni rapporti possono non sembrare parte del processo del capitale, pur essendolo, come nel caso della proprietà fondiaria capitalistica (MARTINS, 1995, p. 170-171).

Dobbiamo anche sottolineare che questo sviluppo contraddittorio del capitalismo deriva dal fatto che la produzione di capitale non deriva mai da rapporti di produzione specificamente capitalistici, basati sul lavoro salariato e sul capitale. Così, secondo Oliveira (1995, p. 11), "affinché il rapporto capitalistico si verifichi, è necessario che si costituiscano i suoi due elementi centrali: il capitale prodotto e i lavoratori privati dei mezzi di produzione".

Dobbiamo quindi capire che la ricreazione di rapporti non essenzialmente capitalistici, contenuta nello sviluppo contraddittorio del capitale, è una sorta di accumulazione primitiva permanente del capitale, ed è quindi necessaria per il suo sviluppo.

Oliveira (1995, p.11) afferma che "il contadino deve quindi essere compreso come la classe sociale che è. Deve essere studiato come una manodopera creata dall'espansione capitalistica [...]".

I teorici che discutono la creazione e la ri-creazione di relazioni non essenzialmente capitalistiche all'interno del modo di produzione capitalistico, come le relazioni contadine, indicano tre modi predominanti in cui ciò avviene (OLIVEIRA, 1990, p.42).

Il primo riguarda i proprietari terrieri che speculano sulla terra come merce; vendendola, soprattutto attraverso le lottizzazioni e le colonizzazioni agricole, finiscono, contraddittoriamente, per creare le condizioni per la ricreazione del contadino-proprietario.

Il secondo si riferisce all'azione dello Stato, sia come "distributore" di terra nei progetti di colonizzazione e ristrutturazione fondiaria, sia come gestore di fondi pubblici, che stabilisce prezzi agricoli minimi, che alla fine garantiscono condizioni contraddittorie per la riproduzione dei contadini. Vorremmo qui sottolineare i vari crediti fondiari creati dallo Stato, insieme alle istituzioni finanziarie internazionali, affinché questa ricreazione possa avvenire; tuttavia, dobbiamo considerare che solo rare eccezioni riescono a riprodursi come contadini grazie ai programmi di credito fondiario.

Infine, va sottolineata la formazione di cooperative nelle campagne, nata nel XVIII secolo come strumento di difesa dei contadini contro i mercanti che, agendo come acquirenti e utilizzatori, sfruttavano i contadini, portandoli alla proletarizzazione. Le cooperative nacquero così nelle campagne, operando nei settori del credito e della commercializzazione.

In breve, situazioni come queste possono, contraddittoriamente, rafforzare e consolidare il contadino, consentendogli di riprodursi come essere sociale.

È in questo contesto di contraddittoria ri-creazione del contadino all'interno del modo di produzione capitalista, con lo Stato e le istituzioni finanziarie internazionali come la Banca Mondiale (BM) e la Banca Interamericana per la Ricostruzione e lo Sviluppo, attraverso progetti come la Banca della Terra, come agenti della ri-creazione, che condurremo le nostre riflessioni.

Secondo Paulino (2009, p. 69):

> [...] alcune delle dispute territoriali nelle campagne non riguardano solo questioni tecniche, la produzione in sé, su cui si accendono i riflettori. Anzi, le precedono, perché comprendono la lotta per l'accesso e la permanenza sulla terra. Molti di coloro che intraprendono queste lotte anelano a un

> inserimento differenziato nel mondo, che si riassume nel principio dell'autonomia sul proprio lavoro, elemento fondamentale che regola il tempo e lo spazio contadino (corsivo aggiunto).

La citazione sopra riportata mostra quindi che si tratta di una logica opposta a quella dell'agricoltura aziendale, in cui il tempo del capitale impone/sostiene il lavoro alienato, in cui i lavoratori non si riconoscono nella merce finale e non diventano "partecipi dei risultati materializzati nella ricchezza che ne deriva" (PAULINO, 2009a, p. 69).

Tuttavia, questo non significa che i contadini siano esenti dal saccheggio perpetrato dai capitalisti, ma piuttosto che il loro stile di vita ha un potenziale che non viene impiegato dai lavoratori proletarizzati, mentre questi ultimi possono riprodursi solo attraverso il rapporto di vendita dell'unica merce che possiedono, la forza lavoro, "i contadini sono l'unica classe che può riprodursi indipendentemente dalle altre" (PAULINO, 2009a, p. 69).

> È chiaro che si tratta di una potenzialità e che vale solo in situazioni limitate, perché se i contadini non sono stati catturati nel senso di un vero e proprio assoggettamento al capitale, cioè se mantengono ancora il controllo sui mezzi di produzione, sono gravati dall'assoggettamento della rendita fondiaria al capitale, il che significa che non è il loro lavoro diretto, ma il frutto di esso, a far parte del circuito dell'accumulazione capitalistica (PAULINO, 2009a, p. 69).

Quando è il frutto del lavoro contadino a essere integrato nel circuito di accumulazione del capitale, ci troviamo di fronte al processo definito da Oliveira (2002) come monopolizzazione del territorio da parte del capitale. Questo processo coinvolge i contadini che mantengono il controllo sui mezzi di produzione e utilizzano il proprio lavoro per farli produrre. Si tratta quindi di una forma di agricoltura in cui il capitale promuove l'assoggettamento del reddito contadino dalla terra controllando le fasi intermedie tra produttore e consumatore finale.

> Il processo di monopolizzazione del territorio impone ai contadini un sovraccarico di lavoro che varia a seconda del prodotto, della situazione e della loro capacità di resistere al saccheggio, perché alcuni agenti del settore industriale, commerciale e finanziario si approprieranno di parte della ricchezza contenuta negli alimenti e negli altri beni immessi sul mercato dai primi, manipolando i prezzi nei circuiti intermedi tra produttori e consumatori finali (PAULINO, 2009a, p. 70).

Affermando di comprendere la campagna brasiliana attraverso la tesi dello sviluppo contraddittorio e ineguale del capitalismo, affermiamo anche che il contadino non scompare all'interno di questo modo di produzione, ma è da esso contradditoriamente ricreato. In questo modo, non siamo d'accordo con la tesi classica della scomparsa del contadino, così come non siamo d'accordo con la banalizzazione del dibattito sul peso storico, quindi inamovibile, del passato coloniale nella costituzione della proprietà privata su base latifondista. È questa la ragione di un dialogo storico con l'appropriazione della terra e la costituzione procedurale del monopolio fondiario nel Paese, su cui, presumibilmente, la politica di credito fondiario che abbiamo analizzato potrebbe intervenire, attenuandola.

1.1 La questione agraria brasiliana: dalla Costituzione del Latifondo alla politica di credito fondiario

Nel trattare la costituzione del latifondo e la proprietà privata della terra in Brasile, dobbiamo innanzitutto sottolineare la genesi di questa colonia portoghese.

Il Brasile è emerso come possedimento portoghese nel contesto dell'espansione marittima europea del XV e XVI secolo, in altre parole l'espressione coloniale dell'espansione mercantilista.

Secondo Paulino (2006, p. 66), "il colonialismo ha favorito un trasferimento di ricchezza intercontinentale senza precedenti, ponendo fin dall'inizio i nascenti Stati nazionali europei in una posizione privilegiata nel meccanismo di scambio ineguale".

In questo meccanismo di scambio ineguale a cui l'autore fa riferimento, da un lato ci sono i Paesi europei, capitalisti/mercantilisti desiderosi di territori da conquistare/dominare che possano fornire loro metalli preziosi o qualsiasi materia prima di interesse commerciale, cioè di accumulazione. Dall'altro lato, territori occupati da popoli organizzati su basi sociali diverse da quelle conosciute dagli europei. Popoli che, secondo le idee europee, potevano essere schiavizzati/conciati o decimati in modo da raccogliere i frutti della terra e generare profitto per il Paese colonizzatore.

> Con l'invasione degli europei, l'organizzazione della produzione e l'appropriazione dei beni della natura passarono sotto l'egida delle leggi del capitalismo mercantile che caratterizzavano il periodo storico già dominante in Europa. Tutto fu trasformato in merce. Tutte le attività produttive ed estrattive erano finalizzate al profitto. E tutto veniva inviato nelle metropoli europee come mezzo per realizzare e accumulare capitale (STEDILE, 2005, p. 20).

Il Brasile è entrato in questo ordine come colonia sfruttatrice, in cui tutte le attività produttive erano orientate all'accumulazione a favore della metropoli. Nel primo momento della colonizzazione, la terra era solo uno strumento intermedio che assicurava l'accumulazione della metropoli, poiché all'epoca le fondamenta dell'economia erano basate sulla schiavitù.

Martins (1995, p. 37) sottolinea che

> [...] da un lato, il fondamento del lavoro schiavo risiedeva nella tratta degli schiavi; era nella tratta degli schiavi e non nella fattoria degli schiavi che la schiavitù veniva ricreata. D'altra parte, questa situazione aveva un senso, poiché consentiva agli schiavisti di ricavare un reddito capitalizzato dal prigioniero, di estrarre reddito dalla colonia ancor prima della produzione coloniale, invece di estrarlo attraverso il monopolio e la rendita territoriale.

Di conseguenza, due erano le ragioni per cui la tratta degli schiavi legava la redditività dell'economia agro-esportativa alla concentrazione delle terre: in primo luogo, la portata del commercio in sé e la necessità di bloccare qualsiasi esperienza di concorrenza, come la produzione con manodopera libera, dato l'alto costo della manodopera vincolata.

Martins (1990, p.16) afferma che:

> Lo sfruttamento dello schiavo nel processo produttivo è quindi già preceduto da parametri e relazioni commerciali che lo determinano. Questo sfruttamento non comprende solo il profitto medio, ma anche la conversione del capitale in reddito capitalizzato, la parte di surplus che lo schiavo può produrre e che viene pagata in anticipo al mercante di schiavi.

A differenza dei lavoratori liberi, gli schiavi entravano nel processo lavorativo spogliati di qualsiasi proprietà, quindi non si comportavano come venditori della merce forza lavoro (come invece facevano i lavoratori liberi, legalmente uguali ai loro padroni). Il prigioniero entrava in questo processo come merce, ma non si comportava come capitale, bensì come il suo equivalente, il reddito capitalizzato, poiché il suo sfruttamento era determinato, come afferma Martins (1990, p. 15), "dall'uso alternativo del capitale investito in anticipo [...]".

Paulino (2006, p. 66) la mette in questi termini:

> Poiché rappresentano un reddito capitalizzato, gli schiavi sono il bene più prezioso dei padroni, il che non esime dalla necessità di controllare la terra, il vero mezzo di produzione. Di conseguenza, essa rimane ostaggio di questo gruppo, il cui prestigio gli garantisce già la concessione di lettere sesmarie e, allo stesso tempo, questo status gli conferisce poteri inalienabili nella sfera politico-amministrativa (enfasi aggiunta).

Evidenziando la citazione sopra riportata, vogliamo chiarire che il monopolio del padrone non era nella terra, "il vero mezzo di produzione", ma nel lavoro del prigioniero; la proprietà era quindi personificata nello schiavo. Solo con l'introduzione del lavoro libero la proprietà poteva essere trasferita ai mezzi di produzione; con ciò la terra diventava reddito capitalizzato.

Il primo sistema legale per la terra brasiliana, il sistema di concessione delle sesmarias, basato su donazioni di terra a nobili portoghesi disposti a produrre e sfruttare nella Colonia secondo le linee proposte dalla Corona, contribuì notevolmente alla formazione del latifondo. Il fatto che non ci fossero misurazioni o ispezioni di queste donazioni portò alla formazione di grandi aziende agricole, che si adattavano al tipo di sfruttamento coloniale adottato dalla Corona portoghese nel suo nuovo possedimento.

Sulla base delle osservazioni di Silva (2008), riteniamo che queste concessioni siano state il risultato della trasposizione di un istituto giuridico esistente in Portogallo alla colonia. In questo modo, l'appropriazione territoriale in Brasile è stata determinata da due fattori storici: l'essere parte dell'espansione commerciale europea del XV e XVI secolo e l'essere un possedimento portoghese.

Quindi,

> Il primo aspetto determinò le caratteristiche dell'utilizzo economico delle terre appena scoperte. Il secondo aspetto determinava lo status del suolo coloniale, ossia la trasposizione al nuovo territorio delle norme che regolavano la proprietà fondiaria in Portogallo (SILVA, 2008, p. 25).

L'istituto giuridico a cui abbiamo fatto riferimento in precedenza, il sistema di concessione delle sesmarias, fu istituito in Portogallo alla fine del XIV secolo per risolvere la crisi di approvvigionamento. L'obiettivo era quello di porre fine all'ozio delle terre non coltivate dai proprietari terrieri.

Così, secondo Silva (1996, p. 37):

> I proprietari che non coltivavano o affittavano le loro terre ne perdevano il diritto, e le terre libere (restituite al signore originario, alla Corona) venivano distribuite ad altri affinché le arassero e ne facessero uso, rispettando così l'interesse collettivo.

Il regime delle sesmarias in Portogallo ha avuto successo per quello che era il suo scopo

Tuttavia, quando fu trasferita alla Colonia, non si pensò ad adattare la legge alla realtà di questo territorio di proporzioni incomparabilmente maggiori rispetto alla Metropoli. In Portogallo, alla fine del XIV secolo, la pratica del sesmarialismo portava generalmente alla piccola proprietà. In Brasile, invece, fu una delle cause principali del latifondo. Così, secondo Silva (1996, p. 74), "il sistema delle sesmarias contribuì senza dubbio alla formazione del latifondo coloniale, nella misura in cui si adattò agli imperativi del sistema di colonizzazione".

Secondo Costa Porto (apud SILVA, 2008, p. 43):

> Una delle principali distorsioni del nostro sesmarialismo - in gran parte frutto dell'incapacità di ignorare le peculiarità della conquista, applicando ad essa la disciplina immaginata per la Metropoli - si verificherebbe rispetto alla struttura della proprietà fondiaria, e la sua sintesi sarebbe questa: mentre in Portogallo, alla fine del XIV secolo, la pratica del sesmarialismo generava, di norma, la piccola proprietà, in Brasile era la causa principale del latifondo.

Affinché il sistema delle sesmarias in Brasile fosse redditizio per la metropoli, la terra doveva essere consegnata a chiunque volesse produrla secondo le linee imposte dalla metropoli, come lo sfruttamento monoculturale della canna da zucchero, giustificato dall'esperienza di produzione in altre colonie portoghesi, dai finanziamenti olandesi e dall'alto prezzo del prodotto sul mercato metropolitano. Un altro punto da sottolineare era il sistema di "esclusività" metropolitana, cioè il monopolio della metropoli portoghese sull'acquisto dello zucchero e sulla vendita dei prodotti europei necessari alla colonia.

[1]Infine, la caratteristica fondamentale per il funzionamento del sistema coloniale era l'uso di manodopera schiava, sia indigena che africana, perché se si impiegava manodopera salariata, l'accesso alla terra non sarebbe stato totalmente bloccato, e questo blocco era essenziale per il successo del modello produttivo delle piantagioni nelle terre brasiliane. Silva (2008, p. 31) la mette in questi termini:

> L'organizzazione economica e sociale delle colonie doveva quindi obbedire alle ingiunzioni del moderno processo di colonizzazione, che le spingeva verso la produzione di eccedenze coloniali. Questo aspetto è essenziale per spiegare una delle caratteristiche fondamentali della società che si organizzò nelle terre brasiliane e che segnò indelebilmente la vita della Colonia e del futuro Paese indipendente, ovvero il lavoro schiavo [...].
> [...] il trasferimento di braccianti liberi nei nuovi territori avrebbe reso impossibile il funzionamento dei meccanismi del sistema coloniale, perché la disponibilità di terre non approvate li avrebbe rapidamente trasformati in proprietari che producono per il proprio consumo.

Sempre a questo proposito, Silva (2008) sottolinea che l'introduzione del lavoro obbligatorio ha reso possibile, per un periodo di tempo più lungo, mantenere la disponibilità di terra per lo strato sociale che produceva secondo le esigenze del sistema coloniale. Il mantenimento del lavoro schiavo rese possibile e necessario il controllo della terra, poiché divideva sostanzialmente la società tra padroni e schiavi e perché esauriva rapidamente il suolo. Questi elementi contribuirono a rendere il Brasile coloniale

[1] Tipo di sistema agricolo basato sulla produzione monoculturale per l'esportazione, con l'impiego di grandi proprietà e di manodopera schiavizzata.

un'organizzazione economica e sociale altamente concentrata.

Anche se la Corona lasciò in eredità ai privati il processo di occupazione delle terre brasiliane, non trasferì al patrimonio privato l'intera estensione delle terre coltivate: solo dieci leghe di terra potevano essere prese dove si voleva, purché non fossero contigue. Pertanto, ciò che veniva donato dal re non era la proprietà della terra, che continuava ad appartenere alla Corona, ma i benefici dell'usufrutto della terra.

Martins (1999, p. 23) la mette in questi termini:

> Per quanto riguarda in particolare la terra, centro e base del potere fino ad oggi e ancor più nel periodo coloniale, il re mantenne sempre la proprietà eminente delle terre concesse in sesmaria. Ciò significava preservare il suo diritto di recuperare il possesso delle terre abbandonate o non utilizzate in modo da produrre le tasse a cui aveva diritto.

In questo contesto di colonizzazione, la metropoli non aveva risorse sufficienti per fornire l'apparato politico-amministrativo della colonia, né per garantire le infrastrutture e i servizi che avrebbero sostenuto l'impresa economica a cui aspirava.

Per questo motivo, la Corona ricorreva anche alle proprietà dei privati per svolgere i servizi pubblici, dando in cambio potere e onori locali, sottolineando che il frutto di questo scambio poteva essere convertito in ricchezza, terra o denaro.

Martins (1999, p. 22) sottolinea che:

> Furono i privati a fare le spedizioni per combattere gli indiani, a costruire ponti e strade, a organizzare e amministrare i villaggi, a fare la guerra agli invasori. Sempre a costo del loro patrimonio, come tributo politico più che economico alla Corona.

Sulle dimensioni politiche ed economiche insite nel processo in

A questo proposito, Martins (1999, p. 23) spiega che "la fedeltà politica veniva ricompensata con ricompense materiali, ma anche con onori, come titoli e privilegi, che alla fine si traducevano in potere politico e, di conseguenza, in potere economico (enfasi aggiunta)".

Per questo motivo, in Brasile non è mai stata fatta una distinzione tra pubblico e privato, come distinzione dei diritti dei cittadini. Martins (1999, p. 22) sottolinea che:

> [...] era una distinzione che rimaneva limitata alla proprietà pubblica e privata. Si trattava quindi di una distinzione relativa ai diritti di proprietà e non ai diritti personali. Anche allora, si trattava di una distinzione che non ha mai acquisito chiarezza e contorni netti. [...] La grande distinzione era

> di natura diversa e si sovrapponeva a tutte le altre: qual era il patrimonio del re e della Corona e qual era il patrimonio dei comuni, cioè del popolo. E poi il concetto stesso di persona, come sappiamo, era limitato ai bianchi e ai cattolici, puri di sangue e puri di fede. Gli impuri, cioè i meticci, gli schiavi indigeni, gli schiavi neri, così come i mori e gli ebrei, erano soggetti a una gradazione di esclusione che andava dalla condizione di signore del patrimonio alla condizione di signore del patrimonio (enfasi aggiunta).

Tuttavia, il regime delle sesmarias non può essere considerato l'unico responsabile della natura concentrata della struttura della proprietà fondiaria brasiliana, a causa di un'altra forma di appropriazione della terra, la tenenza, che nei primi anni della colonizzazione si caratterizzava come la forma di occupazione dei contadini incapaci di richiedere le sesmarias, che sfruttavano la terra basandosi sul lavoro familiare e su attività finalizzate all'autoconsumo e alla produzione di eccedenze per il mercato. Tuttavia, coesisteva un altro tipo di proprietà, sotto forma di grandi latifondi.

La mancanza di controllo da parte della Corona e l'inosservanza dei requisiti legali del proprietario sulle misure e le delimitazioni delle sesmarias e dei possedimenti fecero sì che nel corso del XVIII secolo si creasse un disaccordo tra i sesmeiros, i posseiros e la Corona.

La monarchia portoghese cercò di riprendere il controllo del processo di appropriazione territoriale avanzando richieste e minacciando di sopprimere concessioni, fori, leggi e carte reali. D'altra parte, l'appropriazione attraverso il possesso sfidava l'autorità coloniale. Le contraddizioni tra i proprietari terrieri rurali della Colonia e della Metropoli sulla questione dell'appropriazione territoriale si aggravarono, culminando nella fine delle concessioni sesmarias il 17 luglio 1822, che contribuì in modo significativo alla rottura definitiva dei legami coloniali.

Il periodo compreso tra la sospensione delle sesmarie e il 18 settembre 1850, quando fu approvata la Legge fondiaria, fu caratterizzato da continue occupazioni a causa dell'assenza di leggi che regolassero l'uso e la proprietà della terra. Questo portò a un aumento delle dimensioni degli zuccherifici e delle piantagioni di caffè attraverso la proprietà. L'espansione delle proprietà rurali, unita alla necessità di ottenere manodopera per l'agricoltura su larga scala, contribuì a rendere dinamici i settori dell'economia, sotto forma di proprietari di grandi piantagioni di caffè e di canna da zucchero, facendo pressione sul governo del nuovo Stato emergente affinché riformasse la politica fondiaria.

Va inoltre sottolineato che la schiavitù era già in crisi in questo periodo, a causa degli sforzi britannici di espandere i mercati di consumo nelle loro aree di influenza, della resistenza degli schiavi alla prigionia e della proliferazione di schiavi fuggiaschi, anche negli angoli più remoti del Paese. Inoltre, le classi dirigenti dell'economia, in particolare le industrie del caffè e dello zucchero, dovevano risolvere due problemi principali: legalizzare la proprietà della terra e procurarsi la manodopera. Il divieto di commercio degli schiavi era ormai una realtà e i padroni temevano che presto sarebbe mancata la manodopera.

La politica di incoraggiare l'immigrazione di coloni emerse come un orizzonte in questo processo di sostituzione dei lavoratori schiavi con uomini liberi. La questione di come questi nuovi coloni sarebbero stati incorporati nella società brasiliana rimaneva da discutere. Prima si sapeva che i produttori di caffè non erano interessati a competere con nuovi potenziali produttori. Ed era necessario lasciare
Era chiaro che i coloni sarebbero arrivati in Brasile per soddisfare le esigenze della produzione di caffè. Pertanto, l'unico modo per tenere lontani i coloni dalla proprietà della terra nel breve periodo era quello di venderla a prezzi elevati, come avvenne con la promulgazione della Legge fondiaria del 1850.

È impossibile pensare alla legge fondiaria del 1850 senza analizzare il contesto generale dei cambiamenti sociali e politici avvenuti nella prima metà del XIX secolo. Sulla scena mondiale, Paesi europei come la Francia e l'Inghilterra avevano subito un importante processo di modernizzazione, sia politica che economica. Nei cinquant'anni precedenti erano state le grandi potenze mondiali e vivevano nel pieno della società capitalista. In questo contesto, lo sviluppo capitalistico ha avuto un impatto diretto sul processo di rivalutazione della politica fondiaria in diverse parti del mondo, come il Brasile e gli Stati Uniti.

Nel XIX secolo, la terra è stata incorporata nell'economia commerciale, cambiando il rapporto con questo bene. In questa nuova prospettiva, la terra doveva diventare un bene prezioso, capace di generare reddito sia per il suo carattere specifico sia per la sua capacità di produrre altri beni. L'obiettivo era quello di dare alla terra un carattere più commerciale e non solo di status sociale, come era tipico dei mulini del Brasile coloniale.

> [La sua caratteristica principale è che, per la prima volta, stabilisce la proprietà privata della terra in Brasile. In altre parole, la legge fornisce una base giuridica per la trasformazione della terra - che è un bene naturale e quindi non ha alcun valore dal punto di vista dell'economia politica - in una merce, un oggetto d'affari e quindi, da quel momento in poi, un prezzo. La legge ha quindi standardizzato la proprietà privata della terra (STEDILE, 2005, p. 23).

In Brasile, in particolare nel XIX secolo, il caffè ha sostituito lo zucchero come prodotto principale dell'economia agro-esportatrice. Con questa sostituzione, si formò una nuova classe nella società brasiliana, una classe imprenditoriale che avrebbe giocato un ruolo fondamentale nel successivo sviluppo del Paese (Furtado, 2007).

In questo contesto, va notato che dopo il trasferimento della capitale dell'Impero a Rio de Janeiro, quest'ultima è diventata il principale mercato di consumo del Paese:

> [...] le abitudini di consumo dei suoi abitanti erano cambiate sostanzialmente dall'arrivo della corte portoghese. Rifornire questo mercato divenne la principale attività economica dei centri rurali che si trovavano nel sud della provincia di Minas Gerais, in seguito all'espansione dell'attività mineraria. In questa parte del Paese, il commercio di merci e di animali per il loro trasporto fu alla base di un'attività economica di una certa importanza e diede origine alla formazione di un gruppo di imprenditori commerciali locali. Molti di questi uomini, che avevano accumulato un certo capitale nel commercio e nel trasporto di merci e caffè, si interessarono alla produzione di caffè e divennero l'avanguardia del boom del caffè (FURTADO, 2007, p. 170-171).

La legge del 1850 stabiliva l'acquisto come unica via di accesso alla proprietà.

e definiva quali erano le terre libere. Questa legge rivalutava le sesmarie concesse fino al 1822, ratificava le occupazioni e legittimava direttamente le acquisizioni per acquisto di terre che fino a quel momento erano semplicemente possedimenti o sesmarie. Una condizione per la rivalutazione sia dei possedimenti che delle sesmarie era l'esistenza di una coltivazione effettiva o l'inizio di una coltivazione effettiva sulla terra richiesta.

> In questo modo, la legge sanzionava, a determinate condizioni, tutte le forme di acquisizione della terra che erano esistite fino ad allora: per concessione governativa (sesmarias), per occupazione (posses) e per acquisto. Tutti gli altri terreni, ad eccezione di quelli utilizzati per scopi pubblici, erano considerati liberi (SALLUM JR., 1982, p. 15).

La Legge fondiaria del 1850 fu il culmine di un'intera politica fondiaria discussa ed elaborata durante i primi cinquant'anni del XIX secolo. L'inizio della ristrutturazione del codice fondiario in Brasile cominciò a essere pensato insieme alla politica di integrazione delle diverse province in un insieme che lo Stato brasiliano cercava di unire nel tentativo di creare la nazione brasiliana.

Questa legge fu concepita per svolgere un ruolo fondamentale nella transizione dal lavoro schiavo a quello libero e, allo stesso tempo, per consentire allo Stato imperiale di riprendere il controllo sulle terre libere che, dalla fine del sistema delle sesmarie, erano state trasferite liberamente e disordinatamente alla proprietà privata.

Ai sensi dell'articolo 3 della Legge 601 del 18 settembre 1850, i terreni liberi erano costituiti da:

> §Paragrafo 1 - Quelli applicati a qualsiasi uso pubblico nazionale, provinciale o comunale;
> §Paragrafo 2 - Quelli che non sono di proprietà di un privato a qualsiasi titolo legittimo, né sono stati concessi da sesmarias o altre concessioni del Governo Generale o Provinciale;
> §Paragrafo 3 - Quelle che non sono date da sesmarias, o altre concessioni governative che, pur essendo soggette a commissioni, sono rivalutate da questa legge.
> § Paragrafo 4 - Quelli che non sono occupati da possedimenti che, pur non essendo basati su un titolo giuridico, sono legittimati da questa legge (BRASIL, 1850).

Vale la pena sottolineare il primo articolo di questa legge, che vietava l'acquisizione di terreni liberi con qualsiasi mezzo diverso dall'acquisto, e il quattordicesimo articolo, che rendeva il governo imperiale il "venditore" di terreni liberi, fissando un prezzo minimo per essi, che all'epoca era più alto di quello dei terreni privati. L'articolo 18 autorizzava il governo ad accogliere immigrati per lavorare negli stabilimenti agricoli, nei servizi gestiti dall'amministrazione pubblica o per formare colonie. Infine, il diciannovesimo articolo stabiliva che i proventi della vendita delle terre dovessero essere utilizzati per misurare le terre libere e per importare coloni (SALLUM JR., 1982, p. 15).

Di conseguenza, questa legge ha trasformato i terreni liberi in un monopolio statale, controllato dalla classe dei grandi proprietari terrieri.

L'obiettivo centrale della politica del governo imperiale era quello di delimitare le terre incolte per venderle e utilizzarle nei progetti di colonizzazione, in modo da finanziare l'arrivo di lavoratori immigrati per le fattorie, ovviando così alla possibile carenza di manodopera con la fine della tratta degli schiavi. Ma perché ciò avvenisse, sarebbe stato necessario porre fine all'appropriazione territoriale attraverso il possesso.

Tuttavia, come afferma Silva (1996, p. 335), "il rifiuto degli squatters di delimitare le loro terre e di legalizzare i loro titoli ha impedito l'attuazione del progetto imperiale di colonizzazione con la piccola proprietà". Possiamo affermare che l'obiettivo della Corona non fu mai legato alla lotta contro la grande proprietà e la schiavitù, ma piuttosto alla riconquista del controllo, che aveva perso da tempo, sotto forma di appropriazione territoriale.

La forza della classe latifondista, che organizzò il territorio brasiliano in grandi latifondi, è quindi evidente, in primo luogo per l'adattamento agli obiettivi dello sfruttamento coloniale e, a posteriori, per lo status economico portato dalla proprietà della terra. Il patto iniziato nel periodo coloniale rimase latente e più forte dopo la formazione dello Stato nazionale, poiché la costituzione della classe latifondista avvenne contemporaneamente e si intrecciò con il processo di consolidamento dello Stato (SILVA, 2008).

Senza delimitare le terre incolte, il problema della mancanza di manodopera è stato risolto attraverso l'immigrazione sovvenzionata, in cui sia lo Stato che i contadini hanno fatto concorrenza, aiutando gli immigrati con un alloggio e un piccolo appezzamento di terra in modo che potessero produrre per la sussistenza. Tuttavia, tutto ciò che veniva sovvenzionato all'immigrato doveva essere pagato in seguito, attraverso servizi o pagamenti in natura (denaro o prodotti).

Pertanto, la creazione di questa legge riaffermava la concentrazione della proprietà terriera e mirava a creare ostacoli alla piccola proprietà rurale. Se questi ostacoli non esistessero, l'immigrato diventerebbe il proprietario e sarebbe praticamente impossibile ottenere lavoratori senza la coercizione della schiavitù. Pertanto, come afferma Martins (1999), in un Paese con un regime di lavoro libero, la terra doveva essere vincolata per poter servire come strumento di dominio.

> La legge fondiaria del 1850 aveva già un carattere ambiguamente conservatore, il che dimostra che, in fondo, i grandi proprietari terrieri stavano gradualmente costruendo e rafforzando il loro potere [...]. Lungi dall'avere l'obiettivo di liberalizzare l'accesso alla terra, la legge fondiaria mirava a fare esattamente il contrario: bloccare l'accesso dei lavoratori alla proprietà, in modo che diventassero obbligatoriamente la forza lavoro delle grandi aziende agricole (MARTINS, 1999, p. 76).

La legge fondiaria era strettamente legata al processo di consolidamento dello Stato nazionale e alla formazione delle classi, nella misura in cui cercava di ordinare una situazione tumultuosa che esisteva in termini di titoli di proprietà nel periodo tra la fine delle concessioni e l'attuazione della legge del 1850, avvenuta nel 1854.

> Lo studio della formazione della proprietà fondiaria ha rivelato che i processi di occupazione e appropriazione della terra erano parte integrante del processo di consolidamento dello Stato nazionale e della formazione delle classi. Il ruolo svolto dall'iniziativa privata nell'occupazione della terra e il modo in cui le politiche governative sulla "questione fondiaria" furono adattate nella pratica, a causa della pressione esercitata dagli strati predominanti nelle campagne, attestano la partecipazione dinamica della società nella definizione delle caratteristiche assunte dallo Stato (SILVA, 1996, p. 342).

Sulla base delle osservazioni di Silva (1996), possiamo dire che la legge stabilì un nuovo rapporto tra i proprietari terrieri e lo Stato, che si sviluppò nella seconda metà del XIX secolo. La composizione di questo nuovo rapporto tra proprietari terrieri e Stato era fondamentale, poiché i proprietari terrieri avevano sempre svolto un ruolo forte nell'organizzazione sociale e politica dello Stato imperiale.

L'analisi della stesura e dell'attuazione della Legge fondiaria rivela che la classe dei proprietari terrieri ha sempre opposto resistenza, esercitato pressioni e adattato la legislazione ai propri interessi più pressanti.

Quindi:

> La legge è stata elaborata come parte di un progetto globale per la società [...], ma la sua applicazione alla società è stata il risultato di un processo in cui i diversi strati sociali interessati sono entrati in conflitto e hanno trovato i mezzi per adattare il sistema giuridico ai loro interessi (SILVA, 1996, p. 343).

La Costituzione repubblicana del 1891, all'articolo 64, trasferì le terre libere agli Stati appena creati, il che significava concentrare il controllo della terra nelle mani delle oligarchie statali.

Da allora, sebbene la legge del 1850 sia rimasta la legge di base per la gestione della terra, ogni Stato ha sviluppato una propria politica fondiaria e del lavoro, avviando il trasferimento di terre a grandi agricoltori e imprese di colonizzazione, generando un'intensa speculazione immobiliare. Uno dei primi esempi di gestione della terra, già di competenza degli Stati, fu la legge n. 323 del 22 giugno 1895 a San Paolo:

> [...] Prevedeva le terre libere, la loro misurazione, demarcazione e acquisizione. Sulla legittimazione o rivalutazione dei possedimenti e delle concessioni, sulla discriminazione tra dominio pubblico e privato, nonché su altre disposizioni (SALLUM JR, 1982 p. 17).

Il trasferimento delle terre incolte alla proprietà privata era intrinsecamente legato al fenomeno tipico della Prima Repubblica (1889-1930), il colonnellismo.

Silva (1996, p. 336) sottolinea che:

> Controllando la vita municipale con mezzi che andavano dal paternalismo alla violenza, i colonnelli "fedeli" alle oligarchie che dominavano la politica statale giocavano un ruolo centrale nel modo in cui le terre incolte venivano incorporate nel patrimonio privato.

Il coronelismo era un sistema di potere politico caratterizzato da un enorme potere concentrato nelle mani di un potente locale, di solito un grande proprietario terriero, ma anche, non di rado, i colonnelli potevano essere mercanti che commerciavano in prodotti agricoli e acquistavano i prodotti dei proprietari terrieri. Quindi, secondo Martins (1999, p. 28), "l'intero sistema era [...] basato su meccanismi di intermediazione politica con un fondamento patrimoniale".

Il coronelismo istituzionale emerse con la formazione della Guardia Nazionale, creata nel 1831 in seguito alla deposizione di Dom Pedro I nell'aprile dello stesso anno. Come la Guardia Nazionale si ispirava all'istituzione francese, la "guardia borghese", forgiata dagli eventi del 1789, era una milizia civile che rappresentava il potere armato dei proprietari terrieri che iniziarono a pattugliare le strade e le vie al posto delle forze tradizionali, rovesciate dai rivoluzionari.

Per far parte della Guardia Nazionale bisognava essere benestanti e avere le risorse per pagare l'uniforme e le armi necessarie.

> [...] nella Repubblica [...] la Guardia Nazionale finì per svolgere un ruolo essenziale. I suoi membri erano classificati secondo una gerarchia militare e venivano chiamati "colonnelli", "maggiori", "capitani", ecc. I leader politici municipali o regionali finirono per essere chiamati "colonnelli" e il fenomeno politico che segnarono (sic) con la loro presenza divenne noto come coronelismo (MARTINS, 1986, p. 46, corsivo dell'autore).

[2]Nell'ambito politico-amministrativo, il coronelismo si caratterizzava per il rigido controllo dei capi politici sul voto degli elettori, costituendo i "recinti elettorali" e producendo il cosiddetto "voto di scorno"; in altre parole, "l'elettore e il suo voto erano sotto la tutela dei colonnelli, che ne disponevano come se fossero propri" (MARTINS, 1986, p. 46).

Quindi:

> Come rappresentante del bossismo locale, il colonnello esercitava la sua influenza - paterna se possibile, coercitiva se necessario - sulle fasce più povere della popolazione, che spesso vivevano come servi nelle terre dei potenti locali. In questo modo, il colonnello forniva un servizio ai politici statali durante i periodi elettorali, reclutando i suoi elettori "cavezza" e aspettandosi in cambio favori dalla politica statale per il suo comune e la sua persona (SILVA, 2008, p. 279).

Così, col tempo, il colonnello venne automaticamente visto dalla

---

[2] L'elettore scambiava il proprio voto con un favore, che poteva essere un bene materiale (scarpe, vestiti, cappelli) o un qualche tipo di dono (cure mediche, medicinali, denaro per la sepoltura, una visita medica, l'iscrizione a scuola, una borsa di studio). Questa obbediente placidità di coloro che avevano il diritto di voto li rendeva parte del recinto elettorale. Comportandosi come burattini alle elezioni, era inevitabile che fossero visti come persone inferiori, incapaci di reagire al dispotismo del colonnello.

popolazione come un uomo potente da cui tutti gli altri dipendevano.

Con l'avvento della Repubblica, vi fu una scarsa espansione dei diritti di cittadinanza, implicita nell'abolizione della schiavitù. Paradossalmente, essa vietò i diritti elettorali dei liberti, pur eliminando il precetto restrittivo del reddito minimo per la partecipazione politica ed escludendo gli analfabeti dal diritto di voto.

[3] A questo proposito, Martins (1986, p. 45) afferma che "ciò ha effettivamente ampliato la partecipazione elettorale, ma non nella stessa misura dell'uguaglianza formale risultante dalla generalizzazione del lavoro gratuito".

Sotto il governo di Campos Sales (1898 - 1902) iniziò la "politica dei governatori", basata sul sostegno alla Presidenza della Repubblica e, reciprocamente, ai governatori attraverso un sistema di scambi di favori politici. I governatori operavano all'interno dello stesso sistema di scambi con i colonnelli. Questo sistema prevedeva la nomina di funzionari municipali, della polizia e delle autorità giudiziarie su raccomandazione dei colonnelli, oltre a facilitare le concessioni di terreni e le opere pubbliche. Così, Martins (1986, p. 46) afferma che "in questo modo, ogni leader politico in sintonia con il governo statale diventava un vero e proprio governante municipale, che stabiliva e governava tutto e tutti".

L'elettorato dei colonnelli era costituito dai loro clienti, di solito piccoli commercianti e agricoltori. Il voto era trattato come una merce. In cambio della fedeltà dell'elettore, il colonnello poteva offrire qualsiasi cosa, dalle scarpe ai pezzi di terra. In questo modo, secondo Martins (1986, p. 47), "il coronelismo sanciva un efficace sistema di esclusione politica di tutti i dissidenti che non potevano muovere una clientela per negoziare con loro posizioni politiche". Per affermare il loro potere regionale, i colonnelli avevano a disposizione un gran numero di jagunços, braccianti e servi.

Come questo:

> Il Coronelismo ha intrecciato in una rete complicata questioni fondiarie, questioni d'onore, questioni familiari e questioni politiche. Le vecchie guerre familiari, che andavano avanti dai tempi della colonia, venivano

[3] Per quanto riguarda l'uguaglianza formale, precetto fondamentale per il lavoro libero, Rodrigues (2006, p. 66) sottolinea che, sebbene la produzione sia sempre più sociale, essa è mediata da atti di scambio, che assumono la forma di relazioni tra individui privati. In questo modo, mentre lo sfruttamento e il dispotismo sono celati nella sfera della produzione, la rappresentazione di una società di individui liberi è esacerbata nella sfera della circolazione. Questa sfera, dove avviene la compravendita di forza lavoro, appare come un vero e proprio paradiso "dei diritti naturali dell'uomo", dove regnano la libertà, l'uguaglianza e la proprietà; dove il compratore e il venditore di forza lavoro "contrattano come persone libere, giuridicamente uguali"; dove "l'unico potere che li riunisce e li porta a una relazione è l'autoprofitto, il vantaggio privato, i loro interessi privati". Tutti sono uguali nel senso che sono responsabili delle proprie azioni e, finché possono comprare o hanno qualcosa da vendere, partecipano al mercato in condizioni legali uguali.

> amplificate, ora complicate da questioni politiche di partito. Il potere del colonnello non era quindi il suo, ma quello del governo che egli sosteneva elettoralmente e che lo sosteneva politicamente. Pertanto, il suo potere dipendeva fondamentalmente dalla sua capacità di barattare. Ciò significa che le relazioni di patronato erano regolate da un sistema peculiare di uguaglianza, che era un'uguaglianza vincolata, costituita dallo scambio di favori per voti - un'uguaglianza di mercato, che ha luogo solo tra proprietari di beni (MARTINS, 1986, p. 48-49).

Di conseguenza, il patto di potere tra lo Stato e i proprietari terrieri in questo periodo portò le oligarchie politiche brasiliane a mettere, secondo Martins (1999, p. 20), "[...] le istituzioni del moderno dominio politico al loro servizio, sottoponendo l'intero apparato statale al loro controllo".

Pertanto, è indiscutibile che l'operato dello Stato, in generale, fosse orientato a servire gli interessi della classe latifondista. Ciò è ancora più evidente nella politica del café con leche, iniziata nel 1898 nella Vecchia Repubblica, quando si alternavano al governo le oligarchie di San Paolo e Minas Gerais, e durata fino alla Rivoluzione del 1930.

In questo contesto, non possiamo non sottolineare due eventi importanti che hanno cambiato la direzione della politica e dell'economia brasiliana: la crisi del 1929 e l'industrializzazione brasiliana.

Secondo Furtado (2007, p. 252), la prima crisi di sovrapproduzione di caffè è iniziata nei primi anni del XX secolo:

> [...] Gli imprenditori brasiliani si resero presto conto di trovarsi in una posizione privilegiata tra i produttori di beni primari per difendersi dal calo dei prezzi. Tutto ciò di cui avevano bisogno erano le risorse finanziarie per tenere fuori dal mercato parte della loro produzione, in altre parole, per contrarre artificialmente l'offerta. Le scorte così formate sarebbero state mobilitate quando il mercato avesse mostrato maggiore resistenza, cioè quando i redditi fossero stati elevati nei Paesi importatori, oppure sarebbero state utilizzate per coprire le carenze in anni di cattivi raccolti.

Anche con la possibilità di un meccanismo di stoccaggio parziale della produzione di caffè, la sovrapproduzione del prodotto non cessò e le scorte aumentarono di anno in anno, pesando sui prezzi e causando una perdita permanente di reddito per i produttori e per il Paese. Così, nel 1906, si tenne un convegno nella città di Taubaté, in cui furono definite le basi della politica di "valorizzazione" del caffè. In sostanza, questa politica consisteva in quanto segue:

> a) Per ristabilire l'equilibrio tra domanda e offerta di caffè, il governo interverrebbe sul mercato per acquistare le eccedenze;
> b) Questi acquisti sarebbero finanziati con prestiti esteri; c) il servizio di questi prestiti sarebbe coperto da una nuova tassa prelevata in oro su ogni

> sacco di caffè esportato;
> d) per risolvere il problema a lungo termine, i governi degli Stati produttori dovrebbero scoraggiare l'espansione delle piantagioni (FURTADO, 2007, p. 254).

La controversia su questa politica evidenziava le trasformazioni in atto nella struttura politica e sociale del Paese, dal momento che il potere dei produttori di caffè a livello regionale era stato rafforzato dal decentramento repubblicano e dall'attuazione della riforma bancaria, che aveva permesso di espandere il credito, avvantaggiando la classe dei coltivatori di caffè in due modi: in primo luogo, per finanziare l'apertura di nuove terre, e aumentando il prezzo del caffè in valuta nazionale grazie al deprezzamento del tasso di cambio.

Inoltre, sono cresciuti sia il numero che la complessità dei gruppi che esercitavano pressioni sul governo centrale. Da notare anche la crescente importanza della classe media urbana, compresa la burocrazia civile e militare, che è stata direttamente colpita dal deprezzamento del tasso di cambio.

> L'importante gruppo finanziario internazionale riunito intorno a Rothschild seguiva da vicino la politica economica e finanziaria del governo brasiliano, in particolare dopo il prestito di consolidamento del 1898: "Rothschild temeva la politica di "valorizzazione" del caffè, perché se il governo brasiliano fosse fallito, ciò avrebbe potuto avere ripercussioni sul pagamento del debito estero". Infine, i mercanti e gli industriali importatori, i cui interessi per diverse ragioni erano opposti a quelli dei coltivatori di caffè, trovarono nel regime repubblicano un'opportunità per accrescere il loro potere politico (FURTADO, 2007, p. 254-255, corsivo mio).

Il meccanismo di difesa dell'economia del caffè funzionò in modo relativamente efficiente fino al 1929. Tuttavia, la crisi globale che ne seguì rese il Brasile estremamente vulnerabile. Il motivo era la grande produzione di caffè dovuta,

soprattutto a causa degli stimoli artificiali ricevuti e, dall'altro lato, del calo delle importazioni. L'ampia offerta di caffè non è stata assorbita dal mercato, poiché la domanda è cresciuta lentamente.

> Si è quindi creata una situazione perfettamente caratterizzata di squilibrio strutturale tra domanda e offerta. Non potevamo aspettarci un aumento apprezzabile della domanda come risultato di un aumento del reddito disponibile per il consumo nei Paesi importatori. Né si poteva pensare di aumentare i consumi in questi paesi abbassando i prezzi. L'unico modo per evitare ingenti perdite per i produttori e per il paese esportatore era quello di impedire, ritirando dal mercato parte della produzione, che l'offerta salisse al di sopra del livello di domanda necessario per mantenere un consumo pro capite più o meno stabile nel breve periodo. Era perfettamente ovvio che le scorte che si stavano accumulando non avevano alcuna possibilità di essere utilizzate economicamente nel prossimo futuro.

> Anche se l'economia mondiale fosse riuscita a evitare un'altra depressione dopo la grande espansione degli anni Venti, non c'era una porta attraverso la quale si potesse prevedere l'uscita di quelle scorte, dato che la capacità produttiva continuava ad aumentare. La situazione che si era creata era quindi assolutamente insostenibile (FURTADO, 2007, p. 258).

Nonostante la situazione precaria illustrata dall'autore, la sovrapproduzione non cessò e la conservazione del prodotto era impraticabile, poiché ottenere crediti all'estero per finanziare questa conservazione era impossibile, dato che il mercato internazionale dei capitali era in profonda depressione. La via d'uscita scelta dai coltivatori di caffè brasiliani fu quella di continuare a raccogliere il caffè e mantenere la pressione sul mercato, il che portò a un ulteriore calo dei prezzi e a un'ulteriore svalutazione della moneta, contribuendo ad aggravare la crisi.

L'unico modo per ripristinare l'equilibrio tra domanda e offerta, con un livello di prezzo più alto per il caffè e per proteggere il settore caffeario, era quello di rimuovere dal mercato una parte del caffè raccolto per distruggerlo.

> Garantendo prezzi minimi d'acquisto remunerativi per la stragrande maggioranza dei produttori, essi mantenevano di fatto il livello di occupazione nell'economia di esportazione e, indirettamente, nei settori produttivi legati al mercato interno. Evitando la contrazione di ampie porzioni del reddito monetario del settore delle esportazioni, si riducevano proporzionalmente gli effetti del moltiplicatore della disoccupazione sugli altri settori dell'economia (FURTADO, 2007, p. 268).

In questo modo, la politica di difesa del settore del caffè è stata presentata come un programma per incrementare il reddito nazionale. Tuttavia, non si può pensare che questa politica non fosse finalizzata proprio a mantenere il flusso di reddito nel Paese. Lo spostamento del flusso di reddito dal settore delle esportazioni all'industria e,

Di conseguenza, la ripresa dell'economia brasiliana dopo la crisi del 1929 si spiega con il commercio.

Va inoltre notato che il Brasile disponeva già di piccole industrie, soprattutto tessili e alimentari, che si rivolgevano al mercato interno e che hanno rapidamente superato gli effetti della grande depressione della prima metà del XX secolo, nonché di una produzione agricola destinata al mercato interno.

> Le attività legate al mercato interno non solo sono cresciute, grazie ai maggiori profitti, ma hanno anche ricevuto un nuovo impulso attirando capitali che si erano formati o de-invertiti nel settore delle esportazioni (FURTADO, 2007, p. 278).

Queste attività risalgono alla fine del XIX secolo, con l'inizio di una significativa industrializzazione in Brasile, in cui la classe dei proprietari terrieri guidò i cambiamenti economici del Paese. Molti coltivatori di caffè iniziarono a investire parte dei profitti ottenuti dall'esportazione del caffè nella creazione di industrie, soprattutto a San Paolo e Rio de Janeiro; nacque così l'industria brasiliana come sussidiaria alla principale attività economica dell'epoca.

Dopo la crisi del sistema capitalistico del 1929, l'industria brasiliana acquistò importanza grazie allo spostamento del flusso di reddito dal settore dell'esportazione del caffè al commercio e all'industria, nonché all'arrivo nel 1930 del primo presidente proveniente dall'oligarchia agraria. Tuttavia, egli simpatizzò e fu legato agli interessi della nascente borghesia urbano-industriale, assumendo così un carattere più nazionalista e industrialista.

Nel 1931, Vargas annunciò la sua determinazione a creare industrie di base. Con esse, il Paese sarebbe stato in grado di ridurre le importazioni, stimolando la produzione interna di beni di consumo.

Di conseguenza, si è formato un mercato nazionale per l'industria, grazie alla maggiore fluidità del territorio, con la costruzione di porti, ferrovie e autostrade, che hanno facilitato la circolazione di merci, persone e capitali.

In questo periodo inizia la transizione da un'economia agro-esportatrice a un'economia urbano-industriale, che avrà la sua massima espressione sotto il governo Vargas, con l'attuazione del modello di sostituzione delle importazioni nel tentativo di rafforzare l'industria nazionale.

Il contesto dell'ascesa di Getúlio Vargas al potere statale è stato segnato dall'indebolimento delle oligarchie agrarie, soprattutto a causa della crisi economica del 1929, che ha aperto la strada agli ideali di modernizzazione e sviluppo, legati all'economia industriale, che si era rafforzata dopo la crisi.

In questo modo, possiamo capire che la crisi delle oligarchie fu un passo cruciale verso la "rivoluzione" del 1930. Con l'impatto della crisi del 1929, l'allora presidente di San Paolo, Washington Luís, decise di sostenere la candidatura del suo connazionale Júlio Prestes. Conosciuta come "Politica del caffè puro", la candidatura di Júlio Prestes rompeva con il vecchio accordo della "Politica del caffè con latte", in cui i proprietari terrieri di Minas Gerais e São Paulo si alternavano nel mandato presidenziale.

Insoddisfatti di questa misura, un gruppo di oligarchi dissidenti, provenienti soprattutto da Minas Gerais, Rio Grande do Sul e Paraíba, creò una lista elettorale contro la candidatura di Júlio Prestes. Conosciuta come Alleanza Liberale, la lista guidata dall'allora governatore del Rio Grande do Sul, Getúlio Dorneles Vargas, promise una serie di misure riformiste. Il suo programma presentava alcuni progressi, come l'istituzione di una legislazione sul lavoro, una giornata lavorativa di otto ore, il voto segreto, il suffragio femminile, il sostegno alle classi urbane e lo sviluppo dell'industria nazionale. Tuttavia, alle elezioni del 1930, l'Alleanza Liberale perse contro il candidato repubblicano Júlio Prestes. Prendendo a pretesto l'assassinio del membro dell'Alleanza João Pessoa da parte di un simpatizzante di Washington Luís, Getúlio Vargas e i suoi sostenitori organizzarono un colpo di Stato che rimosse Washington Luís dal potere nell'ottobre del 1930, ponendo fine alla cosiddetta Vecchia Repubblica.

All'inizio del suo governo, con la centralizzazione del potere, Vargas iniziò la lotta contro il regionalismo. L'amministrazione del Paese doveva essere unica e non come era stato nella Vecchia Repubblica. "[...] i presidenti della Repubblica erano generalmente sostenuti nel potere centrale nella misura in cui riconoscevano l'indipendenza e il potere locale e regionale dei capi politici, i 'colonnelli' della politica" (MARTINS, 1984, p. 21).

Anche con i militari al posto dei vecchi capi politici regionali, alcuni dei quali investiti di un grande potere personale, il governo non è riuscito a decimare il clientelismo politico,

> [...] le oligarchie mantennero i loro rapporti di patronato e, soprattutto, il loro tradizionale dominio sulla clientela, cioè il popolo. Ma iniziarono a obbedire ai nuovi padroni del potere, i militari e i burocrati dello Stato centralizzato. Alla fine, anche quando la Rivoluzione rinnovò la leadership politica, ricorse allo stesso sistema di compromessi con le fazioni locali su cui si era sempre basato il coronelismo (MARTINS, 1999, p. 31-32).

Per controllare la sovrapproduzione di caffè e la crisi in Brasile, Vargas incenerì le scorte del prodotto. Nonostante la crisi globale, lo sviluppo industriale accelerò. Questo sviluppo fu dovuto alla riduzione delle importazioni e all'offerta di capitali, che portò molti coltivatori di caffè a passare dall'agricoltura tradizionale, in crisi, all'industria. Tuttavia, fu la partecipazione dello Stato, attraverso tariffe protezionistiche, nonché la politica di difesa del settore del caffè e degli investimenti, ad avere la maggiore influenza sulla crescita industriale. A differenza della Vecchia Repubblica, in Brasile cominciarono a emergere piani per la creazione di industrie di base. Questi piani furono realizzati con l'inaugurazione dell'acciaieria di Volta Redonda nel 1946.

Questo è il contesto dei cambiamenti espressi dal patto di potere ridefinito a partire dagli anni Trenta. La creazione delle basi industriali dell'economia brasiliana fu accompagnata da cambiamenti nel modo di pensare, nei valori e nelle credenze della società brasiliana, come le misure per creare un sistema di istruzione pubblica, ufficialmente controllato dal governo, l'istruzione religiosa obbligatoria nelle scuole pubbliche e la creazione del Ministero dell'Istruzione e della Salute. Per quanto riguarda l'istruzione superiore, il governo ha cercato di stabilire le basi del sistema universitario, investendo nei settori dell'insegnamento e della ricerca. Oltre allo sviluppo dell'istruzione, ci fu una vera e propria rivoluzione culturale rispetto alla Vecchia Repubblica. Il modernismo, tanto criticato prima del 1930, divenne il principale movimento artistico dopo il colpo di Stato di Vargas.

Il processo di urbanizzazione si accelerò con l'avanzare dell'industrializzazione, che portò a un'enorme crescita della classe operaia. Vargas, con una politica di governo rivolta ai lavoratori urbani, cercò di attirare il sostegno di questa classe, fondamentale per l'economia. La creazione del Ministero del Lavoro, dell'Industria e del Commercio nel 1930 portò a una serie di leggi sul lavoro. Alcune di queste miravano a estendere i diritti e le garanzie dei lavoratori: leggi sulle ferie, regolamentazione del lavoro delle donne e dei bambini. Nella sfera sociale, economica e politica si verificarono diverse trasformazioni che, in teoria, avrebbero portato alla modernizzazione. Tuttavia, queste trasformazioni erano più limitate alla città. Questo è comprensibile, perché anche con l'ascesa della borghesia come classe e come leader dello Stato, gli interessi dei proprietari terrieri dovevano essere garantiti. Martins (1999, p. 72) afferma che:

> È significativo che lo stesso Getúlio Vargas che propose e rese possibile il Consolidamento delle Leggi sul Lavoro nel 1942, per regolare le questioni del lavoro nelle fabbriche e nelle città, non estese ai lavoratori rurali i diritti legali che avrebbero dato una forma contrattuale ai rapporti di lavoro, ancora fortemente basati su criteri di dipendenza personale e di vera e propria servitù. Di conseguenza, Vargas non volle o non poté affrontare i grandi proprietari terrieri e i loro alleati. È stato durante il suo governo che sono state gettate le basi per un tacito patto politico, tuttora in vigore, con delle modifiche, in cui i latifondisti non dirigono il governo, ma non vi si oppongono (corsivo aggiunto).

Se fino all'inizio del XX secolo le oligarchie agrarie avevano il completo potere politico ed economico, lo scenario cambiò, come già accennato, a partire dal 1929 con il drastico calo del prezzo del caffè sul mercato mondiale e con esso la perdita di protagonismo delle oligarchie agrarie nell'apparato statale. A partire dagli anni '30, il Brasile ridefinì l'asse dell'accumulazione economica, passando dalla monocoltura del caffè alla produzione industriale. In questo modo, il Paese cessò di essere essenzialmente un esportatore agricolo e divenne un Paese urbano-industriale.

Fino alla fine della Vecchia Repubblica, era egemone il patto agro-esportatore, in cui l'intero apparato statale era orientato a soddisfare le esigenze del settore esportatore di caffè e, quindi, della classe dei proprietari terrieri. Con l'avvento di una significativa industrializzazione e l'ingresso nell'amministrazione statale di un presidente più vicino agli interessi della nascente borghesia urbano-industriale, divenne egemone un nuovo patto, il patto borghese, basato sull'industria, sulla città e sull'ideologia del progresso e dello sviluppo. Tuttavia, la borghesia brasiliana proveniva dall'oligarchia agraria, per cui una rottura del patto precedente e uno scontro di classi era impensabile. Questo perché:

> [...] a differenza di altre società, l'élite non disponeva di una classe antagonista sufficientemente forte e consapevole dei propri interessi e delle proprie opposizioni, come una borghesia industriale o semplicemente una borghesia moderna contrapposta agli interessi del latifondo, in grado di realizzare riforme sociali che non incidessero sulle scelte politiche e ideologiche fondamentali" (MARTINS, 1999, p. 74).

Paulino (2009, p. 81) prosegue affermando che:

> [...] nel modello classico, la borghesia si affermò come forza contro-egemonica rispetto alle strutture di potere rimaste dall'ordine feudale, mentre in Brasile, che si formò sotto l'egida del capitalismo commerciale, una parte significativa della ricchezza sotto il controllo degli agrari coinvolti nell'economia agro-esportatrice fu indirizzata verso le attività urbano-industriali, all'inizio proprio come strategia per aumentare i guadagni dell'attività agricola. Con ciò, alcuni di loro personificavano due situazioni di classe: proprietari terrieri e, allo stesso tempo, imprenditori urbano-industriali, borghesi insomma.

Poiché non c'è stata una rottura effettiva quando la borghesia urbano-industriale è salita al potere, come nel modello classico, il patto agro-esportatore ha cessato di essere egemonico, ma gli interessi della classe proprietaria terriera sono stati garantiti dai borghesi-proprietari. Per questo motivo, la struttura fondiaria del Paese non è mai stata modificata in modo significativo.

> [gli anni Trenta] furono un momento di particolare demarcazione dei ruoli in una società che si stava, in teoria, modernizzando [...] si esplicitava un posizionamento completamente diverso nel gioco delle forze egemoniche rispetto a quello visto nei Paesi protagonisti della rivoluzione borghese, emersa proprio dal confronto vittorioso tra borghesia e proprietari terrieri agli albori della rivoluzione industriale (PAULINO, 2009a, p. 77).

Secondo Paulino e Almeida (2010, p. 82), nel modello classico di sviluppo capitalistico dei Paesi centrali, la borghesia è diventata la classe dominante solo quando è riuscita a scalzare il potere dei proprietari terrieri, visti come un ostacolo all'accumulazione del capitalismo industriale. "Questo perché la formula originaria dell'accumulazione presuppone l'appropriazione del plusvalore attraverso la riduzione dei costi di riproduzione della forza lavoro, e il cibo è un fattore non trascurabile nella composizione di questi costi".

Lo scontro di classe tra borghesia e proprietari terrieri ebbe luogo agli albori della Rivoluzione industriale e il culmine della rottura fu la fine delle Corn Laws in Inghilterra nel 1846.

Secondo Paulino e Almeida:

> [...] emanate [le Corn Laws] nel bel mezzo delle dispute tra gli industriali, messi alle strette dalla pressione per l'aumento dei salari a causa dei prezzi dei prodotti alimentari, e i proprietari terrieri, impegnati a garantire il monopolio dell'approvvigionamento del mercato interno e, con questo, la potenziale appropriazione della rendita fondiaria (PAULINO; ALMEIDA, 2010, p. 82).

A questo punto è necessario sottolineare la distinzione tra profitto e reddito. Il profitto deriva dall'appropriazione del valore creato dal pluslavoro (lavoro non convertito in salario) e presuppone necessariamente l'investimento capitalistico come mezzo diretto per la sua estrazione. L'affitto, invece, ha origine dalla recinzione della terra, che viene trasformata in un mezzo di produzione privato senza richiedere alcun investimento (PAULINO; ALMEIDA, 2010, p. 82, 83).

Come questo,

> [...] nel capitalismo, i proprietari terrieri hanno il diritto di imporre una tassa su tutti coloro che hanno bisogno di vivere, nutrirsi, vestirsi e vivere, perché tutto questo richiede la terra. A differenza del profitto, che ha origine direttamente dal rapporto di lavoro, la rendita viene estratta indirettamente, perché alla fine sarà il surplus di lavoro a pagare i suoi proprietari. Si tratta quindi di una tassa sociale, che cresce con l'aumento di ogni tipo di domanda, che può essere soddisfatta attraverso la mediazione di questa base materiale insostituibile per ogni forma di vita (PAULINO; ALMEIDA, 2010, p. 83).

Mentre il monopolio della proprietà terriera nei paesi centrali del capitalismo rappresentava un ostacolo al suo completo sviluppo, la democratizzazione dell'accesso alla terra era necessaria per dare impulso all'economia capitalista; in Brasile, questo ostacolo è stato superato dall'alleanza terra-capitale, la personificazione in una sola persona del grande proprietario terriero e del capitalista, per cui non ci sono stati scontri tra la nascente borghesia industriale e le oligarchie rurali, come nel caso europeo, una rottura con i proprietari terrieri, trasferendo la centralità dell'accumulazione nel circuito della produzione capitalistica, mantenendo allo stesso tempo il controllo sulla proprietà terriera, impedendo che il saccheggio della rendita minacciasse i tassi medi di profitto

(PAULINO; ALMEIDA, 2010, p. 83).

Così,

> A differenza del modello classico del rapporto tra terra e capitale, in cui la terra (e la rendita fondiaria, cioè il prezzo della terra) è riconosciuta come un ostacolo alla circolazione e alla riproduzione del capitale, nel modello brasiliano l'ostacolo alla riproduzione capitalistica del capitale in agricoltura non è stato rimosso dalla riforma agraria, ma dagli incentivi fiscali. [...] Il modello brasiliano ha invertito il modello classico. In questo senso, ha rafforzato politicamente l'irrazionalità della proprietà fondiaria nello sviluppo capitalistico, rafforzando di conseguenza il sistema oligarchico basato su di essa (MARTINS, 1994 apud PAULINO; ALMEIDA, 2010, p. 85).

Così, nel modello classico di sviluppo capitalistico,

> La distribuzione della terra e la definizione dei limiti alla concentrazione fondiaria sono stati fondamentali per indebolire il potere oligarchico e, allo stesso tempo, aumentare l'offerta di cibo, che ha fornito ai capitalisti la quota maggiore del valore derivato dal surplus di lavoro estratto dai lavoratori. Questo è ciò che ha garantito la fornitura di cibo a prezzi che non compromettono la costituzione di una solida domanda di altri beni di consumo durevoli e non durevoli; in breve, il percorso attraverso il quale si è consolidato un mercato interno di cui i capitalisti non potevano fare a meno, nemmeno in questi tempi di globalizzazione del capitale (PAULINO; ALMEIDA, 2010, p. 83).

Approfondendo la discussione su questo tema, gli autori sottolineano che:

Questa alleanza si traduce in uno spostamento del potere dinamizzante dell'economia, della produzione, verso la proprietà privata della terra, che si discosta dal modello classico del capitalismo, in cui i meccanismi di accumulazione si basano proprio sulla negazione del reddito come elemento primario del processo di accumulazione (PAULINO; ALMEIDA, 2010, p. 82).

Ecco cosa è successo,

> [...] i grandi cambiamenti sociali ed economici del Brasile contemporaneo non sono legati all'emergere di nuovi protagonisti sociali e politici, portatori di un progetto politico ed economico nuovo e radicale. Le stesse élite che erano responsabili del livello di arretratezza in cui si trovavano in una situazione storica precedente, sono state protagoniste delle trasformazioni sociali" (MARTINS, 1999, p.58).

Con l'ascesa della borghesia al controllo dello Stato brasiliano, si sperava che la riforma agraria venisse attuata per sviluppare il capitalismo e modernizzare completamente il Paese. Tuttavia, l'alleanza terra-capitale aveva già posto le sue basi,

> Tra le vecchie e le nuove élite si è instaurato una sorta di compromesso politico, per cui gli industriali e i grandi imprenditori sono diventati i

> principali clienti politici delle oligarchie, a cui hanno delegato le loro responsabilità di comando e di direzione, riproducendo gli stessi meccanismi politici che hanno vittimizzato tutto il popolo e impedito l'effettivo sviluppo della democrazia tra di noi (MARTINS, 1997, p. 20).

A questo proposito, Stedile (2005, p. 28-29) sottolinea che:

> Le élite politiche - la borghesia industriale, ora al potere - si allearono con l'oligarchia rurale [...] per mantenerla come classe sociale, per due motivi fondamentali: primo, perché la borghesia industriale brasiliana è nata dall'oligarchia rurale, dall'accumulazione delle esportazioni di caffè e zucchero, a differenza dei processi storici che hanno avuto luogo nella formazione del capitalismo in Europa e negli Stati Uniti. La seconda ragione: essendo il modello industriale dipendente, aveva bisogno di importare macchinari e persino manovalanza dall'Europa e dagli Stati Uniti. E l'importazione di queste macchine era possibile solo grazie alla continuità delle esportazioni agricole, che generavano valuta estera per pagarle, chiudendo il ciclo della logica della necessità del capitalismo dipendente (STEDILE, 2005, p. 28-29).

La classe latifondista ha visto intaccato il suo potere e non controlla più direttamente la politica e l'economia del Paese, ma la sua permanenza, seppur indiretta ma emblematica, si è riflessa nel mantenimento della struttura fondiaria e nella mancata attuazione nel settore rurale delle politiche sociali e salariali sviluppate per il settore urbano-industriale (MARTINS, 1999).

Con la fine del governo Vargas nel 1945, il Paese fu governato dal PSD (Partito Socialdemocratico), che rappresentava chiaramente gli interessi oligarchici e decise il corso del potere per tutto il periodo democratico tra il 1946 e il 1964.

La Costituzione del 1946, che avrebbe dovuto essere più democratica, ha rafforzato il patto di potere tra i grandi proprietari terrieri e lo Stato, poiché le terre espropriate per scopi sociali, compresa la riforma agraria, dovevano essere pagate in anticipo e in contanti al proprietario, rendendo così la riforma agraria economicamente impraticabile.

Nel governo di Juscelino Kubitschek, le innovazioni apportate furono un "raddoppio della macchina statale", come sottolinea Martins (1999, p. 59), con la creazione di gruppi esecutivi (come il Gruppo Esecutivo dell'Industria Automobilistica - GEIA) e agenzie di sviluppo, come la Sovrintendenza per lo Sviluppo del Nordest (SUDENE). In quest'ultimo caso, gli interessi dei gruppi clientelari e oligarchici del Nord-Est si combinarono con gli interessi di modernizzazione degli imprenditori del Sud-Est.

Così,

> Il governo Kubitschek non abolì gli arcaici enti di patronato politico come

> il DNOCS (Dipartimento Nazionale per le Opere contro la Siccità). Così facendo, riuscì ad assicurarsi il sostegno politico per il suo progetto di sviluppo economico e di modernizzazione della società brasiliana, partendo dal presupposto che le élite regionali e oligarchiche, beneficiarie e responsabili dell'arretratezza, avrebbero legittimato il suo progetto di modernizzazione (MARTINS, 1999, p. 59).

In questo periodo si registrarono notevoli progressi industriali, soprattutto nei settori dell'industria di base e nella produzione di beni di consumo durevoli e non durevoli. Il governo cercò di attirare capitali stranieri per investire nel Paese, ottenendo prestiti e incoraggiando l'insediamento di aziende internazionali in Brasile, come Ford, Volkswagen, Willys Overland e General Motors (GM).

La situazione internazionale ha favorito questi investimenti, poiché i Paesi sviluppati come gli Stati Uniti disponevano di una buona riserva di capitale.

Tuttavia, il progresso economico di quest'epoca presentava una serie di problemi: la concentrazione della ricchezza nel Sud-Est, l'aumento del debito estero e la crescente svalutazione della moneta brasiliana.

Il Piano di obiettivi di Juscelino Kubitschek era di competenza del Consiglio di sviluppo, basato sullo sforzo di pianificazione economica sviluppato dalla Commissione congiunta Brasile-Stati Uniti e successivamente dal Gruppo congiunto BNDES (Banca nazionale per lo sviluppo economico e sociale) - ECLAC (Commissione economica per l'America Latina e i Caraibi). Il Piano ha identificato i settori che, se adeguatamente stimolati, sarebbero in grado di crescere e di eliminare eventuali colli di bottiglia in termini di infrastrutture (energia e trasporti).

Si trattava di trenta obiettivi specifici, suddivisi in cinque settori: energia, trasporti, industria di base, alimentazione e istruzione. A questi si aggiungeva un obiettivo autonomo: la costruzione di Brasilia. Le principali forme di finanziamento del piano erano l'espansione monetaria per finanziare la spesa pubblica e il credito per gli investimenti privati, rendendo le politiche monetarie e fiscali passive e subordinate alle riforme strutturali dell'economia.

Per quanto riguarda l'agricoltura, l'obiettivo era quello di espandere la produzione e migliorare la produttività, ma si è verificata una crisi nelle piantagioni di fagioli e di grano.

> [...] gli obiettivi alimentari non erano, come potrebbe sembrare a prima vista, un programma agricolo. Lo scopo non era direttamente quello di aumentare la produzione agricola, tranne che per il prezzo del grano, che tra l'altro fallì completamente [...] (BESKOW apud LESSA, 1999).

Nel Plano de Metas non fu data sufficiente importanza all'agricoltura e alla questione della riforma agraria, nonostante ci fossero molti studi sull'argomento, perché l'enfasi del piano era sullo sviluppo industriale. Vale la pena sottolineare l'enorme fallimento della politica annunciata per il grano, in quanto il Paese non disponeva della tecnologia di ricerca fitogenetica che avrebbe permesso la nascita di sementi adattate.

Per quanto riguarda l'agricoltura, si segnala l'espansione della frontiera agricola, resa possibile dall'ampliamento della rete stradale e da importanti flussi migratori (rurali - rurali), come quelli dal nord-ovest dello Stato di Rio Grande do Sul all'ovest di Santa Catarina; dal sud-est e dall'ovest del Paraná al sud del Mato Grosso. Si nota un aumento del credito agricolo pubblico e sovvenzionato per la produzione di caffè, riso, grano, cotone e arachidi.

Sebbene, in generale, la politica di sopravvalutazione del tasso di cambio abbia penalizzato l'agricoltura, negli anni Cinquanta i rami della produzione agricola in grado di modernizzarsi tecnologicamente sono stati favoriti dai tassi di cambio sopravvalutati, in quanto hanno potuto importare fattori di produzione, in particolare fertilizzanti, trattori, camion e derivati del petrolio a costi sovvenzionati.

Anche l'obiettivo della costruzione di ferrovie fallì, mentre quello delle strade superò di gran lunga quanto previsto.

Un altro aspetto da menzionare nel contesto del Piano Target fu la rottura del governo brasiliano con il Fondo Monetario Internazionale (FMI) nel 1959, dovuta alla mancata adozione di una politica di stabilizzazione in linea con le richieste del Fondo, che voleva contenere la spesa pubblica (tra cui l'interruzione della costruzione di Brasilia) per arrestare l'aumento dell'inflazione.

Con l'arrivo del capitale transnazionale, nel Paese si è formata un'importante unione tra tre pilastri che hanno stimolato l'economia: il capitale privato nazionale, le imprese statali e le multinazionali.

Alla fine degli anni Cinquanta, le campagne iniziarono a ricevere le innovazioni tecnologiche dell'industria, stimolate dal governo federale attraverso finanziamenti selettivi e sovvenzionati dalla Banca del Brasile per i grandi proprietari terrieri. La proprietà terriera condizionava l'accesso ai finanziamenti e agli strumenti di produzione (fertilizzanti, trattori, camion e mezzi di produzione in generale) che divennero, nella mentalità del governo e dei grandi proprietari terrieri, i veri mezzi di produzione. Si trattò di una grande mossa, perché essendo la terra il vero mezzo di produzione in agricoltura, il trasferimento dell'importanza della produzione agli strumenti di produzione spostava la causa dell'arretratezza economica del Paese verso le carenze tecnologiche e non verso la concentrazione della terra, eliminando la terra dal centro della discussione. Ciò ha portato a rafforzare il ruolo della terra come riserva di valore e fonte di potere economico.

L'obiettivo di questa azione governativa era quello di sradicare le vecchie piantagioni di caffè e sostituirle con altre colture, in modo da poter utilizzare i macchinari prodotti dalle industrie. Questa pratica divenne più evidente negli anni '60, quando gli interessi congiunti delle oligarchie rurali e della borghesia industriale culminarono nella modernizzazione conservativa di alcune grandi tenute.

Un pacchetto di incentivi e la mobilitazione di ingenti risorse promossero la graduale sostituzione del lavoro umano con macchine e attrezzi. Ciò ha rafforzato la concentrazione fondiaria e l'espropriazione e l'espulsione dei contadini che avevano un possesso precario della terra.

Allo stesso tempo, a metà degli anni Cinquanta, contestando la grande disuguaglianza sociale, la concentrazione fondiaria e il processo di espropriazione che esisteva in Brasile, si formarono le Leghe contadine e iniziò la sindacalizzazione rurale:

> [...] è con le Leghe contadine, tra gli anni '40 e '60, che la lotta per la riforma agraria in Brasile assume una dimensione nazionale. Nate spesso come società caritatevole per i morti, le Leghe hanno poi organizzato la lotta dei proprietari terrieri, dei residenti, dei fittavoli, dei piccoli proprietari terrieri e dei lavoratori rurali salariati della Zona da Mata contro il latifondo, soprattutto nel nord-est del Brasile (OLIVEIRA, 2007, p. 105).

Le Leghe contadine, secondo Martins (1986, p. 76-78), sono nate nel 1955 nella piantagione di Galiléia, in Pernambuco, da un'associazione di proprietari terrieri chiamata Società agricola e zootecnica dei piantatori del Pernambuco.

> [Le leghe si diffusero rapidamente in tutto il Nordest, inizialmente con il sostegno del Partito Comunista del Brasile e con la dura opposizione della Chiesa cattolica. Sono nate e si sono diffuse soprattutto tra i proprietari terrieri di vecchi mulini che stavano iniziando a essere rilevati dai proprietari assenteisti, a causa dell'aumento del valore dello zucchero e dell'espansione delle piantagioni di canna da zucchero. A partire dagli anni '40, i "foreiros" erano stati sfrattati dalla terra o, come abbiamo visto, ridotti a "moradores de condição", un passo verso la trasformazione in lavoratori salariati non residenti (MARTINS, 1986, p. 76).

Martins (1986, p. 77-78) afferma inoltre che l'emergere delle Leghe contadine avvenne in un contesto non solo più ampio dello sfratto dei proprietari terrieri e della riduzione o estinzione delle piantagioni degli abitanti dei mulini, ma anche in un contesto di crisi politica regionale.

Secondo l'autore:

> Questa crisi è stata caratterizzata dalla consapevolezza del sottosviluppo del Nordest e, in particolare, da una decisa iniziativa della borghesia regionale per ottenere dal governo federale non solo una politica paternalistica di aiuti di emergenza in tempi di grave siccità, ma un'efficace politica di sviluppo economico. In altre parole, una politica di industrializzazione del Nordest. Il problema della miseria dei contadini e del loro esodo verso sud è stato spiegato come il risultato di latifondi sottoutilizzati, che impedivano a coloro che avevano bisogno della terra di occuparla. Una politica di sviluppo regionale basata sull'industrializzazione avrebbe dovuto arrestare e invertire il circolo vizioso della povertà causato dalla monocoltura e dall'agricoltura latifondista. È così che è nata la Sovrintendenza per lo Sviluppo del Nordest e che sono emerse alleanze politiche che coinvolgono estremi opposti come il Partito Comunista e l'Unione Democratica Nazionale, il partito per eccellenza della borghesia. In Pernambuco, questa alleanza di "centro-sinistra" permise a Cid Sampaio, un proprietario di mulini, di conquistare il consiglio comunale di Recife e poi il governo dello Stato. Nonostante l'opposizione dei signori delle piantagioni, ormai ridotti al rango di semplici fornitori di canna da zucchero per i potenti zuccherifici, le leghe contadine e, poco dopo, un forte movimento di sindacalizzazione rurale, presero piede nella regione, garantiti inizialmente dall'indebolimento politico di questi ex colonnelli. C'erano due gruppi distinti di lavoratori da mobilitare e organizzare. Da un lato, i proprietari dei mulini, i contadini sull'orlo dello sfratto. Dall'altro, i residenti dei mulini, lavoratori che stavano per diventare definitivamente salariati, perdendo le loro caratteristiche di contadini, così come quelli che erano già stati effettivamente ridotti alla condizione di salariati, espulsi dai loro campi fino alle estremità delle strade, i villaggi vicini ai mulini (MARTINS, 1986, p.77-78).

Le tensioni e le richieste entrarono negli anni Sessanta, quando i contadini brasiliani cominciarono a organizzarsi maggiormente, anche se non a livello nazionale. I movimenti per la democratizzazione dell'accesso alla terra acquistarono slancio sotto il governo di João Goulart, presidente dalle idee progressiste che riteneva la riforma agraria essenziale per la completa modernizzazione del Paese. [4]A tal fine, il 10 settembre 1962 fu promulgata la Legge n. 4.132. Questa legge definiva i casi di esproprio nell'interesse sociale e, "[...] da un punto di vista legale, fu un passo significativo verso l'approvazione della prima legge sulla riforma agraria in Brasile" (OLIVEIRA, 2007, p. 112).

[5]Degna di nota durante il governo di Goulart fu anche la creazione della

---

[4] Art. 1 L'espropriazione nell'interesse sociale è decretata al fine di promuovere l'equa distribuzione della proprietà o di condizionarne l'uso al benessere sociale, ai sensi dell'art. 147 della Costituzione federale.

L'art. 2 è considerato di interesse sociale:

I - l'uso di tutte le proprietà improduttive o sfruttate che non corrispondono alle esigenze abitative, lavorative e di consumo dei centri abitati che devono o possono fornire attraverso il loro uso economico;

§ Il paragrafo 1 del punto I del presente articolo si applica solo nel caso di beni ritirati dalla produzione o nel caso di proprietà rurali la cui produzione, a causa di uno sfruttamento inefficiente, è inferiore alla media della regione, tenendo conto delle condizioni naturali del loro suolo e della loro situazione rispetto ai mercati (OLIVEIRA, 2007, p. 113).

[5] Art. 114: È lecito a tutti coloro che, in qualità di lavoratori dipendenti o di datori di lavoro, esercitano attività o professioni rurali, iscriversi a un sindacato per studiare, difendere e coordinare i propri interessi economici o professionali (OLIVEIRA, 2007, p. 117).

SUPRA (Sovrintendenza alla Politica Agraria) nel 1962 e l'approvazione della Legge n. 4.214 , del 2 marzo 1963, nota come Statuto dei Lavoratori Rurali, che permise l'attuazione del sindacalismo rurale, come previsto dall'articolo 114.

Per quanto riguarda la SUPRA, come osservato da Oliveira (2007, p. 114), si segnala l'articolo 2 della Legge delega n. 11 dell'11 ottobre 1962, che ne prevede la creazione e le competenze.

> Art. 2 La SUPRA ha il compito di collaborare alla formulazione della politica agraria del Paese, di pianificare, promuovere, eseguire e far rispettare, ai sensi della legislazione vigente e di quella che potrà essere emanata, la riforma agraria e, in via complementare, le misure complementari di assistenza tecnica, finanziaria, educativa e sanitaria, nonché le altre di natura amministrativa che potranno esserle conferite nei suoi regolamenti e nella legislazione successiva. Al fine di promuovere un'equa distribuzione della proprietà e di condizionarne l'uso al benessere sociale, al SUPRA sono delegati poteri speciali di espropriazione, in conformità con la legislazione vigente.

Sempre sotto il governo di João Goulart, è necessario ricordare alcuni passaggi della presentazione pubblica del Progetto di Riforma Agraria, nel discorso tenuto il 13 marzo 1964 alla Stazione Centrale del Brasile:

> Chi pensa che il governo sarà in grado di soffocare la voce del popolo o le sue richieste sta perdendo tempo. Anche chi teme che il governo intraprenda azioni sovversive in difesa di interessi politici o personali sta perdendo tempo, così come chi si aspetta che il governo intraprenda azioni repressive contro il popolo, i suoi diritti o le sue richieste (JOÃO GOULART apud STÉDILE, 2005, p. 100).

> Il popolo vuole [...] che la proprietà della terra sia accessibile a tutti; che tutti possano partecipare alla vita politica del Paese votando e potendo votare; che sia impedito l'intervento del potere economico nel processo elettorale e che sia garantita la rappresentanza di tutti i gruppi politici, senza alcuna discriminazione, ideologica o religiosa (STÉDILE, 2005, p. 101).

Goulart ha anche affermato che questa Sovrintendenza non può essere considerata la riforma agraria per cui i contadini stavano lottando e in cui speravano, ma ritiene che sia un primo passo. Ha anche messo in dubbio le modalità di pagamento degli espropri, affermando che la Sovrintendenza alla Politica Agraria non sarebbe sufficiente per realizzare efficacemente la riforma agraria.

> [...] il decreto Supra [...]. Non è ancora la riforma agraria per cui abbiamo lottato. Non è ancora la revisione del nostro paesaggio rurale impoverito. Non è ancora la lettera di liberazione per il contadino abbandonato. Ma è il primo passo: una porta che si apre alla soluzione definitiva del problema agrario del Brasile (STÉDILE, 2005, p. 103 - corsivo mio).

> La riforma agraria con il pagamento anticipato dei latifondi improduttivi, in contanti, non è una riforma agraria. La riforma agraria, come sancita

> dalla Costituzione, con pagamento anticipato e in contanti, è un accordo agrario che interessa solo i proprietari terrieri, radicalmente contrario agli interessi del popolo brasiliano. Ecco perché il decreto Supra non è una riforma agraria (STÉDILE, 2005, p. 103-104).

Di conseguenza, João Goulart fu deposto dal colpo di Stato militare del 1° aprile 1964 per aver sostenuto la necessità di modificare la struttura della proprietà terriera del Brasile e per avere una politica legata agli ideali di sinistra che, nel contesto della Guerra Fredda, stavano diventando forze di opposizione alla situazione esistente nel Paese.

Sottolineiamo quindi che il colpo di Stato dittatoriale del 1964 non sarebbe stato possibile senza l'intervento della grande classe latifondista, come conferma la "Marcia della Famiglia con Dio per la Libertà" organizzata dalla Società Rurale Brasiliana di San Paolo pochi giorni prima della destituzione di Goulart.

> Il golpe del 1964, organizzato dai militari e dai grandi imprenditori, aveva, tra gli altri obiettivi, quello di impedire la crescita delle lotte sociali nelle campagne e il rafforzamento politico dei lavoratori rurali che, per la prima volta nella loro storia, stavano entrando in massa nell'arena politica (MARTINS, 1984, p. 21).

Così, secondo Sorj (1986, p. 23):

> Le mobilitazioni nel periodo del governo di João Goulart hanno acquisito caratteristiche di crescente scontro e polarizzazione, portando all'unificazione di gran parte della borghesia attorno al colpo di Stato che si opponeva al movimento riformista, tagliando così le prospettive di trasformazione della struttura fondiaria attraverso un processo di mobilitazione popolare.

Si tratta quindi delle lotte che hanno preceduto l'instaurazione del regime militare nel Paese, che ha agito con particolare autoritarismo sulla questione agraria brasiliana.

1.2 Le politiche pubbliche di riforma agraria

La possibilità di una rivoluzione contadina, dovuta alle intense lotte che avevano avuto luogo in diverse regioni del Paese dalla fine degli anni Cinquanta, preoccupava il governo e l'élite brasiliana. Il governo militare del 1964 promulgò quindi la legge n. 4.504: lo Statuto della Terra. La legge stabilisce criteri molto precisi per l'espropriazione; le proprietà rurali vengono così classificate in quattro categorie: latifondo per sfruttamento, latifondo per estensione, minifondo e azienda rurale, quest'ultima considerata la categoria ideale, sia per le sue dimensioni che per la sua forma di sfruttamento, stabilendo fondamentalmente una proprietà aziendale capitalista. Si afferma inoltre che la piccola proprietà rurale e la grande proprietà non sarebbero in grado di soddisfare i requisiti della funzione sociale della terra.

Secondo Martins (1984, p. 22):

> Lo Statuto apriva l'accesso alla terra se lo si considerava dal punto di vista dei proprietari terrieri, ma lo chiudeva se lo si considerava dal punto di vista della grande massa di lavoratori senza terra: la riforma agraria avrebbe favorito preferibilmente i contadini con vocazione imprenditoriale. Allo stesso tempo, le espropriazioni avvenivano solo in caso di conflitti o gravi tensioni sociali.

Così, la vocazione imprenditoriale che ci si aspetta dai lavoratori rurali è stata definita nello Statuto attraverso la creazione della categoria dell'impresa rurale. A questo proposito, Martins (1999, p. 79) afferma:

> La categoria flessibile dell'impresa rurale fu favorita dallo Stato e sfuggì alla possibilità di essere inclusa nelle espropriazioni. Ciò indica, in linea di principio, una riforma agraria volta alla modernizzazione economica e all'accelerazione dello sviluppo capitalistico in agricoltura.

Questo ha portato a concentrare l'attenzione sull'esproprio dei latifondi, che promuoverebbe una presunta riforma agraria, ma in sostanza l'imposizione di standard e categorie ideali cerca di smantellare la lotta dei lavoratori rurali, agendo come sollievo selettivo delle tensioni nelle campagne e mantenendo il dominio dei proprietari terrieri.

Lo Statuto rivela così la sua vera funzione: è uno strumento di controllo delle tensioni e dei conflitti sociali generati da questo processo di espropriazione e concentrazione della proprietà e del capitale. È uno strumento di accerchiamento e disattivazione dei conflitti, per garantire uno sviluppo economico basato su incentivi alla progressiva e capillare penetrazione del grande capitale nell'agricoltura e nell'allevamento. È una valvola di sfogo che interviene quando le tensioni sociali arrivano a trasformarsi in tensioni politiche. Lo Statuto è al centro della strategia del governo per le campagne e si combina con altre misure per accerchiare e disattivare i conflitti, le rivendicazioni e le lotte sociali (MARTINS, 1985, p. 35):

> Lo Statuto trasformò la riforma agraria in una riforma di attualità che sarebbe servita ad alleviare le tensioni sociali, una riforma subordinata al processo di riproduzione allargata del capitale delle grandi imprese e subordinata anche a una politica essenzialmente di espropriazione e concentrazione del capitale. In questo modo, il governo ha tolto l'opportunità di rigenerazione e di riproduzione allargata alla piccola agricoltura familiare. Si può quindi affermare che in nessun momento,

> attraverso questa legge, si è voluto realizzare una riforma ampia e massiccia, compatibile con il livello di richieste dei lavoratori senza terra o poveri di terra, lasciando così intatta la struttura fondiaria brasiliana.

Poiché l'intenzione del governo militare non era quella di realizzare la riforma agraria quando fu firmato lo Statuto della Terra:

> [...] alcune delle sue attuazioni sono state ritardate. Ad esempio, il GERA (Gruppo di Lavoro Interministeriale sulla Riforma Agraria) fu creato solo nel 1969, quando una missione della FAO (Organizzazione delle Nazioni Unite per l'Alimentazione e l'Agricoltura) visitò il Brasile. Da questo incontro nacque il suggerimento di fondere l'IBRA [Istituto Brasiliano per la Riforma Agraria] e l'INDA [Istituto Nazionale per lo Sviluppo Agrario] in un'unica organizzazione per attuare meglio la riforma agraria (OLIVEIRA, 2007, p. 121).

L'unica organizzazione a cui l'autore fa riferimento è l'INCRA (Instituto Nacional de Colonização e Reforma Agrária (Colonizzazione Nazionale e Riforma Agraria), creato dal Decreto Legge n. 1.110 del 9 luglio 1970.

In questo periodo, dobbiamo sottolineare la creazione della SUDAM (Sovrintendenza per lo Sviluppo dell'Amazzonia), nel 1966, e il Banco da Amazônia. La SUDAM è la migliore espressione del trasferimento di fondi pubblici alle grandi imprese agricole che si stavano insediando nelle nuove frontiere agricole, come il Centro-Ovest e l'Amazzonia.

> Con la creazione del Banco da Amazônia e della Sovrintendenza per lo Sviluppo dell'Amazzonia (SUDAM) si è sostenuta una politica di concessione di incentivi fiscali agli imprenditori, soprattutto delle regioni più ricche, affinché non pagassero più il 50% dell'imposta sul reddito, a condizione che il denaro fosse depositato in quella banca per finanziare progetti di sviluppo in Amazzonia, fino al 75% del capitale da loro detenuto. Gli investimenti furono orientati verso l'agricoltura, cosicché un gran numero di imprenditori e aziende, soprattutto del Sud-Est, senza alcuna tradizione nel settore, divennero proprietari terrieri e imprenditori rurali (MARTINS, 1999, p. 79).

Martins (1984, p. 50) lo ribadisce:

> Combattere l'oligarchia significava espropriare il suo potere principale, che era la terra. La federalizzazione e la militarizzazione della terra in Amazzonia sono diventate la condizione perché lo sviluppo regionale uscisse dalle mani dell'oligarchia, dei mercanti e dei proprietari terrieri tradizionali, e si aprisse lo spazio per il grande capitale, dando spazio all'accumulazione di grandi gruppi economici, la cui scala di operazioni e di interessi li rende proprio gli agenti economici effettivi della centralizzazione del potere è l'azione che dà portata nazionale al mercato dei prodotti agricoli e industriali, al mercato dei capitali e, cosa particolarmente importante in questo caso, al mercato della terra.

A causa delle intense mobilitazioni contadine, all'epoca il governo aveva capito che la riforma agraria sarebbe stata una questione militare piuttosto che sociale. L'offensiva del governo sulle terre amazzoniche fu comunque grande durante la dittatura:

> [...] bisognava portare lavoratori per poter attuare i piani dell'"Operazione Amazzonia", perché non aveva senso realizzare progetti minerari e agricoli su larga scala in una regione in cui c'era carenza di manodopera. L'alternativa era la stessa che da tempo veniva utilizzata in Brasile per sopperire alla mancanza di lavoratori: i programmi di colonizzazione. [...] Il Programma di Integrazione Nazionale - PlN - creò un'autostrada che partiva dal Nordest e tagliava l'Amazzonia - fu definito un percorso per la migrazione, che stava già avvenendo verso Maranhão, Goiás, Pará e Mato Grosso, alterando così in parte la rotta dominante del flusso migratorio Nordest-Sudest, oltre a creare un altro fronte di penetrazione nella regione centro-nord del Mato Grosso (OLIVEIRA, 2007, p. 121-122).

Un'altra strategia del governo militare è stata la promulgazione del decreto

La legge n. 1.179, del 6 luglio 1971, ha istituito il Programma di ridistribuzione delle terre e di incentivazione dell'agroindustria nel Nord e nel Nordest (PROTERRA), il cui obiettivo era quello di "[...] promuovere un più facile accesso alla terra per gli uomini, creare migliori condizioni di occupazione e di lavoro e favorire l'agroindustria nelle zone in cui operano SUDAM e SUDENE" (OLIVEIRA, 2007, p. 123).

Negli anni '70, sotto il governo militare di Geisel, l'intera politica fondiaria fu legata agli interessi della politica economica e all'insediamento di grandi aziende agricole nelle aree pioniere, gli interessi dei grandi gruppi economici e non più quelli dei contadini tradizionali. I pochi elementi progressisti dello Statuto fondiario che avrebbero potuto favorire i piccoli agricoltori senza terra e denaro furono abbandonati.

Di conseguenza, la politica fondiaria è stata ridefinita a favore delle grandi imprese capitalistiche, mentre la lotta dei lavoratori rurali per la terra cresceva.

> Questo periodo di ridefinizione della politica fondiaria a favore delle grandi imprese capitalistiche, generalmente industriali, commerciali e bancarie, corrispose a una grande crescita della lotta operaia per la terra. I conflitti, nonostante la repressione e la censura, si moltiplicarono rapidamente in tutte le regioni del Paese, coinvolgendo non solo i lavoratori rurali, ma anche le popolazioni indigene, le cui terre venivano invase, con la connivenza delle autorità, su una scala senza precedenti. In questo contesto di crescente numero di conflitti, la Chiesa [...] fu profondamente coinvolta nella difesa dei lavoratori rurali [...] (MARTINS, 1984, p. 24).

La persecuzione dei lavoratori rurali alienati dalla terra fu grande durante gli anni della dittatura, ma fu in questo stesso periodo che iniziarono a organizzarsi le prime occupazioni di terre sotto l'influenza soprattutto dell'ala progressista della Chiesa cattolica, che resisteva alla dittatura. È questo il contesto che ha portato alla nascita del Consiglio Missionario Indigeno (CIMI) e della Commissione Pastorale della Terra (CPT) nel 1975.

Smantellare l'azione della Chiesa e dissociarla dalla lotta per la terra:

> [...] era l'interferenza militare diretta nelle situazioni di conflitto, attraverso una politica di accerchiamento e smobilitazione dei gruppi di lavoratori impegnati nella lotta per la terra, attraverso espropri e, soprattutto, accordi (MARTINS, 1984, p. 24).

Sempre con l'obiettivo di smantellare la più importante forza di lotta per la terra del Paese, il governo ha creato il Gruppo Esecutivo della Terra di Araguaia-Tocantins (GETAT) per intervenire nella zona più conflittuale del Paese.

Le azioni del GETAT erano finalizzate al raggiungimento di accordi, in base ai quali i lavoratori spesso accettavano una porzione di terra inferiore a quella a cui avevano diritto per legge. Era un modo per proteggere gli interessi dei grandi proprietari terrieri e delle aziende, in modo da evitare che perdessero ancora più terra a favore dei lavoratori, o addirittura l'intera azienda agricola (MARTINS, 1984, p. 24).

Sottolineiamo che, in questo contesto, la creazione del GETAT e del Ministero Straordinario per gli Affari Fondiari ha rappresentato un intervento militare nell'INCRA. La creazione di questo Ministero praticamente federalizza la questione fondiaria (quando istituisce un coordinamento federale delle politiche fondiarie statali) e la pone completamente sotto il controllo militare.

Martins (1984, p. 25) afferma che:

> [...] la federalizzazione della questione fondiaria, e la sua militarizzazione, facilita la neutralizzazione di un focolaio di tensioni sociali e politiche scomode per il regime militare e la sua politica economica. Fondamentalmente, accentra le decisioni sul problema della terra nelle mani di un nuovo ministro, eliminando una varietà di gruppi sociali con interessi comuni [...] al fine di attuare la politica agricola delle multinazionali e dei finanziatori dal cui sostegno dipendono ambiziosi progetti governativi [...]. La federalizzazione e la militarizzazione del problema fondiario mireranno a stabilire, come minimo, un intervento nelle politiche fondiarie statali, dato che [...] fin dalla prima Costituzione repubblicana, i governi statali sono responsabili della politica fondiaria nei rispettivi territori.

Sulla creazione del Ministero Straordinario per gli Affari Fondiari, Martins (1984, p. 26) afferma che:

> [...] trasforma il problema della terra in un problema di caserma. Svuota il sindacato come strumento di rivendicazione e negoziazione, e la terra come oggetto di rivendicazioni sindacali. Allo stesso tempo, sottrae ai partiti

> politici la scomoda questione della proprietà della terra, una questione che nessuno dei partiti è stato finora in grado di formulare correttamente, divisi come sono dalla questione elettorale e da formulazioni confuse sul progetto politico dei lavoratori rurali, in particolare dei piccoli agricoltori. Il Ministero cercherà [...] di sterilizzare politicamente il dibattito sulla proprietà della terra e sulla lotta per la terra.

Dal 1965 al 1981 sono state effettuate circa otto espropriazioni all'anno, nonostante in ognuno di questi anni si siano verificati almeno settanta conflitti fondiari (OLIVEIRA, 1991).

Nel 1984, con il sostegno della Commissione per la Terra Pastorale, i rappresentanti dei movimenti sociali, dei sindacati dei lavoratori rurali e di altre organizzazioni si sono riuniti a Cascavel, nel Paraná, in occasione del 1° Incontro Nazionale dei Lavoratori Rurali Senza Terra, per fondare il Movimento dei Lavoratori Rurali Senza Terra.

Va ricordato che questo era il periodo in cui il Paese si mobilitava per l'apertura politica e la fine della dittatura militare e degli scioperi dei lavoratori nelle città. L'apertura politica favorì il riorientamento della questione agraria verso la sfera dei partiti, eliminando così il carattere militare che aveva avuto fino ad allora.

Il nuovo regime democratico vedeva a capo del governo José Sarney, un tipico rappresentante del clientelismo del Maranhão e un grande proprietario terriero con titoli di proprietà discutibili, ma con un discorso liberale a favore delle riforme e della giustizia sociale. Nel 1985 fu approvato il primo Piano Nazionale di Riforma Agraria (I PNRA), di cui Oliveira (2007, p. 125) dice:

> 9L'I PNRA ha già portato battute d'arresto in relazione allo Statuto fondiario, come l'articolo (art. 2, § 2, del Decreto n. 91.766) che stabilisce che l'esproprio di grandi proprietà sarà evitato ogni volta che sarà possibile. Un altro punto riguardava le proprietà con un gran numero di affittuari e/o soci, per le quali venivano rispettate le disposizioni di legge. In questo modo, l'I PNRA si presentava già con delle distorsioni rispetto allo Statuto fondiario. [...] Nel 1985, con l'attuazione del piano, ci fu una forte lotta tra l'UDR (Unione Democratica Rurale), il governo Sarney e i contadini senza terra, gli abusivi, ecc. L'obiettivo dell'UDR era quello di rendere impraticabile l'attuazione del 1° PNRA.

La mancanza di volontà politica e la prevalenza degli interessi dei proprietari terrieri, organizzati nell'Unione Democratica Rurale (UDR), è stata la ragione per cui, anche dopo due anni di attuazione, è stato realizzato meno del dieci per cento degli obiettivi del 1° PNRA (OLIVEIRA, 2007).

In questo periodo, il Ministero della Riforma Agraria e dello Sviluppo Agrario (MIRAD), creato dal governo militare, ha iniziato a organizzarsi per effettuare i necessari espropri sulla base dello Statuto della Terra; tuttavia, prima di essere inviati alla firma presidenziale, i progetti di esproprio delle aziende agricole improduttive sono stati rigorosamente selezionati, cosicché molte proprietà non sono state espropriate.

La Costituzione del 1988 annullò praticamente tutti i precari progressi fatti dalla legislazione fondiaria della dittatura militare. Secondo Martins (1999, p. 90),

L'uso dei concetti di "proprietà produttiva" e "proprietà improduttiva" ha introdotto un'ampia ambiguità nella definizione delle proprietà soggette a esproprio per la riforma agraria, annullando praticamente le concezioni relativamente più avanzate dello Statuto fondiario.

Questo cambiamento non rifletteva solo la reazione dei grandi proprietari terrieri che avevano organizzato l'Unione Democratica Rurale [...]. Rifletteva un aspetto fondamentale delle alleanze di classe nella storia brasiliana.

L'anacronismo già retorico della struttura fondiaria, riportato dalla Carta Costituzionale, non sarebbe stato possibile senza l'azione dell'UDR, che è riuscita a bloccare la proposta di una Riforma Agraria ampia, generale e senza restrizioni nella plenaria del Congresso Nazionale.

In questo modo, i ruralisti riuscirono a inserire nella Costituzione l'impossibilità di espropriare la proprietà produttiva e a trasferire nella legislazione complementare la definizione di norme per il soddisfacimento dei requisiti relativi alla funzione sociale della terra. Con la vittoria della politica fondiaria dei proprietari terrieri, il governo Sarney "seppellì" il 1° PNRA. In primo luogo, con il Provvedimento 29 del 15/01/1989, abolì la carica di Ministro di Stato per la Riforma Agraria e lo Sviluppo Agrario e trasferì le competenze del MIRAD al Ministero dell'Agricoltura. In secondo luogo, due mesi dopo, la Legge 7.739 del 20/03/1989 ha anch'essa abolito il MIRAD e ha ricreato l'INCRA attraverso il Decreto 97.886 del 26/06/1989, collegato al Ministero dell'Agricoltura. La riforma agraria della "Nuova Repubblica" si concluse istituzionalmente nello stesso modo in cui l'avevano affrontata i governi militari, all'interno del Ministero dell'Agricoltura (OLIVEIRA, 2007, p. 128).

Di conseguenza, le lotte per l'accesso e la permanenza sulla terra si sono scontrate, e si scontrano tuttora, con l'alleanza terra-capitale, che era ed è tuttora contraria a qualsiasi possibilità di cambiamento sostanziale dell'ordine politico e sociale.

A partire dalla Costituzione del 1988, la politica sarebbe stata governata non solo dal nuovo ordine costituzionale, ma anche, in modo significativo, dall'adeguamento all'ordine economico globalizzato, il neoliberismo, a cui il Paese è stato soggetto dagli anni '90 a oggi. Ciò è culminato in azioni offensive da parte del governo, sia in termini di regolamentazione della terra che di reazione agli interventi dei movimenti sociali e degli attori della lotta per la terra.

Per quanto riguarda la lotta per la terra nell'area di studio, nonostante la sua vicinanza a Londrina e l'essere stato un distretto di quel comune fino al 1995, Tamarana ha un'alta concentrazione di insediamenti di riforma agraria negoziati dall'INCRA, accampamenti di movimenti sociali, principalmente l'MST, villaggi rurali e gruppi di banche della terra, cosa che non accade molto spesso nel comune di Londrina. A Tamarana, secondo i dati del Censimento demografico del 2010, la popolazione urbana residente è di 5.858 abitanti e quella rurale di 6.404.

Come già detto, il 1° PNRA è entrato in vigore durante il governo di José Sarney, con l'obiettivo di implementare massicciamente gli insediamenti.

Secondo il Decreto n. 91.766, del 10 ottobre 1985, il Primo Piano Nazionale di Riforma Agraria (I PNRA), all'articolo uno,

> È approvato il Piano Nazionale di Riforma Agraria - PNRA, presentato dal Ministero della Riforma Agraria e dello Sviluppo - MIRAD, per il periodo 1985/1989, che riguarda 1 (un) milione e 400.000 (quattrocentomila) famiglie beneficiarie, ai sensi dell'allegato che costituisce parte integrante del presente Decreto.

Vale la pena ricordare che il nord del Paraná è stato il luogo del primo insediamento rurale previsto da questo piano. Si trattava dell'insediamento di Água da Prata, costituito da 93 famiglie di abusivi che avevano precedentemente occupato un'area indigena nel comune di São Jerônimo da Serra, a 152 chilometri da Tamarana. Tuttavia, non si trattava di un evento ricorrente, quindi l'obiettivo di beneficiare un milione e quattrocentomila famiglie era ben lontano dall'essere raggiunto. Secondo il grafico seguente (Grafico 1), tra il 1985 e il 1989 sono state insediate 125.376 famiglie, ovvero 874.624 famiglie in meno rispetto a quanto indicato nel primo articolo del I PNRA.

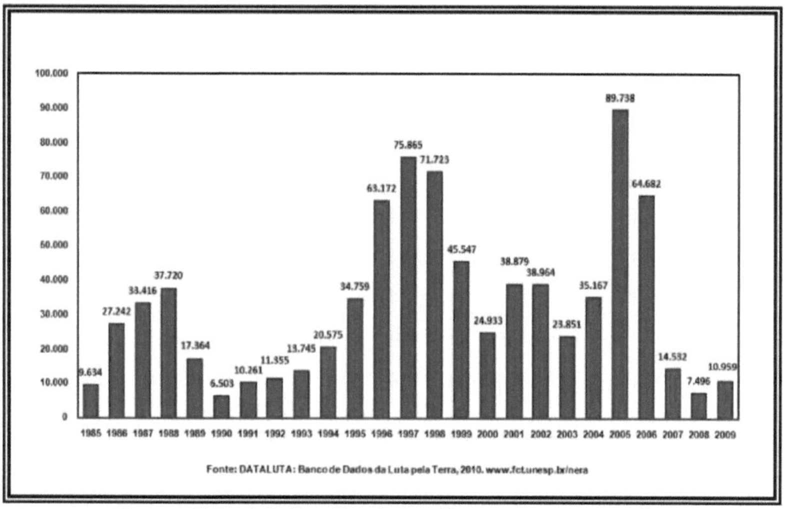

Grafico 1 - Numero di famiglie insediate in Brasile - Aree ottenute tra il 1985 e il 2009

Come si può notare, gli anni dal 1995 al 1997 sono stati i più significativi in termini di insediamenti, secondi solo al 2005 e al 2006. [6]Tuttavia, nell'ultimo periodo la metodologia di definizione degli insediamenti è stata modificata, includendo progetti di regolarizzazione fondiaria, il che non significa aprire l'accesso a nuove famiglie, come espresso nella metodologia precedente. Pertanto, il primo periodo è un riferimento in termini di densità di questa politica, che coincide con l'attuazione di otto insediamenti negoziati dall'INCRA nella regione di Tamarana. La tabella 1 che segue elenca questi insediamenti, nonché i Villaggi Rurali e i Gruppi di Banche della Terra che sono stati successivamente istituiti nella regione in questione.

Tabella 1 - Insediamenti, villaggi rurali e gruppi di banche della terra a Tamarana - PR

Stato	Comune	Posizione	Tipo	Numero di famiglie	Area (ha)
PR	Tamarana	Cacique	INCRA	11	162
PR	Tamarana	Speranza	Banca della Terra	8	99,85
PR	Tamarana	Gruppo Brasile	Banca della Terra	50	681,78
PR	Tamarana	Acqua bianca	Banca del territorio	22	209
PR	Tamarana	Acqua d'argento	INCRA	23	1.651
PR	Tamarana	Mandassaia	INCRA	29	485
PR	Tamarana	Nuovo Mondo	INCRA	27	810
PR	Tamarana	Pari-Paró	INCRA	26	-
PR	Tamarana	Rinascere 1	Banca della Terra	22	100,9
PR	Tamarana	Rinascita II	Banca della Terra	18	101,9

6 Oliveira (2007) approfondisce come il governo di Luís Inácio da Silva abbia usato le nomenclature per gonfiare le cifre della riforma agraria.

PR	Tamarana	Rinascita III	Banca della Terra	35	96,8
PR	Tamarana	Segheria	INCRA	18	381
PR	Tamarana	Tesoro	INCRA	24	581
PR	Tamarana	Unione dei contadini	INCRA	26	547
PR	Tamarana	Villaggio rurale 1	Insediamento Stato	38	-
PR	Tamarana	Vila Rural II - Otávio de Campos Lima	Insediamento Stato	49	-
PR	Tamarana	Colonia penale	Area dello Stato	11	109

Fonte: MDA, NERA, a cura dell'autore

La tabella 1 ci dà un'idea della quantità di terreni e delle modifiche territoriali che hanno apportato al paesaggio del comune di Tamarana, dove sono stati distribuiti 397 appezzamenti per un totale di oltre 5.000 ettari. Questo luogo, che in origine aveva una struttura fondiaria orientata verso la grande proprietà, da quel momento in poi ha iniziato ad assumere una forma diversa: in mezzo alle grandi proprietà estensive di bestiame e ad alcuni produttori di soia, mais e grano, sono emersi piccoli appezzamenti di produzione diversificata e di lavoro familiare.

In questo contesto si inserisce l'attuazione delle politiche di credito fondiario, di cui si parlerà nel prossimo capitolo.

CAPITOLO 2

L'ATTUAZIONE E IL FUNZIONAMENTO DEI PROGRAMMI DI CREDITO FONDIARIO IN BRASILE

La politica di credito fondiario della Banca Mondiale, nota come Riforma Agraria di Mercato, è iniziata in Brasile con il programma "Riforma Agraria Solidale" nel Ceará tra il 1996 e il 1997, poi esteso ad altri Stati del Nordest (Maranhão, Pernambuco e Bahia) e al nord di Minas Gerais con il progetto pilota "Cédula da Terra" (19972000). Questa politica è stata poi estesa agli altri Stati della federazione attraverso i programmi Banco da Terra (1998-2003) e Crédito Fundiário de Combate à Pobreza Rural (2002-2003). Questa politica, originariamente concepita e attuata dal governo neoliberale di Fernando Henrique Cardoso (FHC), si basava sulla creazione di un Fondo Fondiario per finanziare l'acquisto di proprietà rurali i cui proprietari erano disposti a venderle e i contadini senza terra (o con poca terra) interessati ad acquistarle.

Il termine riforma agraria di mercato è nato nel contesto delle critiche mosse dai movimenti sociali al programma Cédula da Terra, come messa in discussione delle politiche agrarie della Banca Mondiale applicate nei Paesi in via di sviluppo. Così, secondo OLIVEIRA (2006, p. 152),

> Questa espressione è stata utilizzata nei discorsi degli intellettuali impegnati nella lotta contadina per la riforma agraria. L'espressione è stata poi ripresa dalla Banca Mondiale, che l'ha posta al centro della sua partnership politica con il governo brasiliano, cercando così di squalificare il contenuto critico dell'espressione, che era presente nella sua origine.

Nonostante le aspre critiche dei movimenti sociali e delle organizzazioni contadine (tra cui la Commissione Pastorale della Terra (Comissão Pastoral da Terra - CPT) e il Movimento dei Lavoratori Rurali Senza Terra (Movimento dos Trabalhadores Rurais Sem-Terra - MST)), queste politiche sono proseguite sotto Luiz Inácio Lula da Silva, che rappresentava la grande speranza per i movimenti sociali e la società civile interessati a invertire la politica di riforma agraria del governo precedente.

Con l'introduzione del Piano Nazionale di Credito Fondiario (PNCF) nel 2003, le aspettative di un'effettiva trasformazione della politica di riforma fondiaria del Paese sono andate deluse. Questo perché il programma ha mantenuto l'incentivo all'acquisizione della terra attraverso il processo di compravendita sul mercato, lasciando in secondo piano lo strumento legale dell'espropriazione fondiaria.

Le circostanze che hanno portato alla proposta di tale politica, coordinata dalla Banca Mondiale, non si sono limitate al Brasile, ma si sono rivolte a innumerevoli Paesi periferici con marcati problemi agrari.

L'interesse della Banca Mondiale (BM) per lo sviluppo economico dei Paesi periferici come Brasile, Messico e Sudafrica ha origine nella creazione stessa della banca, a metà del XX secolo. L'avanzare della povertà nel mondo e l'indebitamento finanziario di questi Paesi hanno rafforzato l'interesse delle istituzioni finanziarie multilaterali nei loro confronti. Pereira (2004, p. 13) spiega che questa preoccupazione è dovuta a:

> [7][...] per due ragioni fondamentali: da un lato, la crisi del debito è stata un'occasione unica per la Banca Mondiale - agente centrale nell'elaborazione e nella diffusione del MRAM - per diventare, insieme al FMI, la principale organizzazione finanziaria internazionale e fungere così da perno della ristrutturazione economica neoliberale in America Latina; dall'altro, perché la progressiva valorizzazione delle transazioni di mercato come principale meccanismo di distribuzione della terra, a scapito del modello espropriativo, si basa su politiche di aggiustamento.

Le politiche di aggiustamento macroeconomico e settoriale sostenute dalla BM, a cui fa riferimento Pereira (2004), sono incentrate su sei assi principali:

> 1) apertura commerciale, riducendo le tariffe all'importazione ed eliminando le barriere non tariffarie, con l'obiettivo di rendere disponibili i mercati, forzare selettivamente la modernizzazione tecnologica e stimolare le esportazioni; 2) deregolamentazione del mercato interno, riducendo il controllo statale sui prezzi, sui meccanismi di incentivazione, sui tassi di cambio e di interesse, ecc? con l'obiettivo di stimolare la concorrenza; 3) liberalizzazione finanziaria, riformulando le norme che regolano l'ingresso di capitali stranieri; 4) equilibrio di bilancio e fiscale, soprattutto riducendo drasticamente la spesa pubblica; 5) deregolamentazione del settore privato; 6) privatizzazione delle imprese industriali e della fornitura di servizi pubblici (BANCA MONDIALE, 2001a; NAÍM, 1996; SOARES, 1996, apud PEREIRA, 2004, p.13).

La motivazione principale di queste politiche di aggiustamento strutturale era quella di garantire il servizio del debito estero e di promuovere la trasformazione delle economie nazionali verso lo standard neoliberale che si stava allora affermando sulla scena internazionale.

A metà degli anni Novanta, la Banca Mondiale ha presentato i programmi di "riforma fondiaria assistita dal mercato" come un'alternativa alla "riduzione della povertà rurale" nei Paesi in via di sviluppo. Secondo i documenti della Banca Mondiale, questi programmi sono concepiti per promuovere un processo in cui chi è interessato ad acquistare la terra può negoziare con chi è disposto a vendere, "eliminando

[7] MRAM - Modello di riforma agraria di mercato.

così i soliti ritardi e conflitti e conferendo benefici immediati ai piccoli proprietari terrieri" (BINSWANGER, apud OLIVEIRA, 2006, p. 73).

Inoltre, secondo Binswanger (apud OLIVEIRA, 2006), la riforma fondiaria assistita dal mercato potrebbe aiutare a risolvere il problema della povertà rurale nel modo seguente:

> La riforma agraria convenzionale prevede che il governo espropri le terre, con o senza indennizzo, e le ridistribuisca ai piccoli agricoltori senza terra. Questo processo è spesso inficiato da controversie legali e ritardi che possono richiedere decenni per essere risolti. Ciò penalizza in modo sproporzionato i poveri, che passano anni prima di poter occupare la terra. La riforma fondiaria assistita dal mercato mira a facilitare il processo in cui chi è interessato ad acquistare la terra può fare affari con chi è disposto a vendere, eliminando così i soliti ritardi e conferendo benefici immediati ai piccoli proprietari terrieri.

L'autore sottolinea poi la giustificazione della lentezza dei processi di esproprio come un problema che contribuisce alla permanenza della povertà nelle aree rurali. Pertanto, la "riforma fondiaria assistita dal mercato" della BM porterebbe una nuova soluzione a vecchi problemi, attraverso una riforma fondiaria efficiente e rapida a bassi costi monetari.

Con ciò, possiamo dire che questa politica nega lo strumento l'espropriazione legale, presente nello Statuto fondiario del 1964 e nella Costituzione del 1988, per cui le grandi proprietà che non svolgono la loro funzione sociale, che possono essere espropriate ai fini della riforma agraria, vengono vendute, con pagamento in contanti, in moneta, al prezzo di mercato.

Come questo,

> Il MRAM è quindi un costrutto basato interamente sulla critica e sulla squalifica di un altro tipo di azione fondiaria, considerata inevitabile e anacronistica nell'attuale fase del capitalismo. Secondo i teorici della BIRS [Banca Internazionale per la Ricostruzione e lo Sviluppo], la principale differenza tra i due sta nella loro natura: mentre il modello "tradizionale" è visto come "coercitivo" e "discrezionale", in quanto basato sull'esproprio, il modello di mercato è esaltato come "volontario" e "negoziato" (BURKI; PERRY, 1997, apud PEREIRA, 2006, p. 24).

Il modello di "riforma fondiaria di mercato", governato dalla Banca Mondiale, è iniziato nel 1994 con esperimenti in Sudafrica e Colombia. In Brasile, questo modello è entrato in funzione nel 1997, dopo essere stato attuato sotto Fernando Henrique Cardoso e seguito dal governo Lula. Questo modello di riforma agraria fa parte dell'offensiva della BM per creare politiche agrarie in linea con i parametri neoliberali.

La Banca Mondiale riconosce la necessità di una riforma agraria per deconcentrare la terra in società altamente diseguali, ma nega che ciò debba avvenire attraverso l'esproprio e la ridistribuzione, con lo Stato come mediatore. Per questo agente finanziario, uno dei maggiori ostacoli alla crescita economica risiede nella posizione adottata dallo Stato attraverso l'uso della terra come riserva di valore e le restrizioni legali sul trasferimento dei diritti di proprietà e di possesso, che costituiscono un ostacolo al pieno sviluppo delle politiche internazionali.

Per far funzionare il mercato fondiario nei Paesi e, con esso, il modello di "riforma fondiaria di mercato", la BM vende e/o impone la sua ricetta neoliberale ai governi di tutto il mondo, rendendo disponibili politiche successive. Secondo Rosset (2004, p.17):

> [...] i Paesi iniziano con determinate politiche, salgono gradualmente la scala e, in teoria, raggiungono altre politiche. Al momento, abbiamo paesi che si trovano in fasi diverse, e in alcuni la Banca sta appena iniziando a insegnare loro come muovere i primi passi.

Questa sequenza può essere riassunta in sei politiche: amministrazione della terra, privatizzazione delle terre pubbliche e comunali, titolazione attraverso titoli alienabili, stimolo del mercato fondiario, banche della terra - distribuzione attraverso il mercato - e, infine, crediti per i beneficiari.

L'amministrazione fondiaria, che la Banca definisce la prima politica, prevede il rilevamento dei terreni, il catasto, la registrazione e la successiva demarcazione. Per la BM, la designazione di questa politica è l'inizio di tutte le politiche, poiché il suo obiettivo principale è quello di creare un mercato fondiario funzionante. L'argomento centrale della Banca per legittimare il mercato fondiario è che senza l'esistenza di questo mercato, il trasferimento della terra non avrebbe luogo, quindi non ci sarebbe la possibilità per i poveri di acquisire la terra. Questa argomentazione può essere messa in discussione, perché ciò che interessa davvero alla BM è il problema degli investimenti nelle aree rurali:

> Secondo la Banca, senza un mercato in cui le persone possano comprare e vendere la terra e usarla per garantire i prestiti o gli investitori, e senza che le persone, le aziende o le società possano ottenere il titolo di proprietà, non ci saranno investimenti nella produzione rurale. Gli investitori chiedono la sicurezza dei diritti di proprietà (ROSSET, 2004, p.19).

Per quanto riguarda l'attuazione della seconda politica, la BM sostiene che le terre private, i latifondi che potrebbero essere espropriati, non sarebbero sufficienti a soddisfare la domanda di ridistribuzione delle terre, quindi le terre pubbliche e comunali dovrebbero essere privatizzate. Questa privatizzazione potrebbe essere realizzata attraverso concessioni a imprese che accettino di investire nella produzione rurale o di rendere disponibili le terre per un qualche tipo di riforma agraria compatibile con la proposta della BM.

La terza politica è alla base delle altre due e si basa sulla possibilità di alienare i titoli di proprietà della terra, il che significa che la terra può essere venduta o usata come garanzia quando si richiede un credito e quindi persa se il prestito bancario non viene rimborsato. Questi titoli possono anche servire come contributo a una joint venture con una società privata, in cui il proprietario terriero fornisce la sua manodopera e il titolo alienabile e la società investe il capitale. In questo caso, il rischio di espropriazione del contadino è grande, perché se l'impresa non funziona, tutti perdono, compreso il contadino, dato che la sua terra è ora alienabile.

> Naturalmente, la concessione di un titolo di proprietà può, in alcuni casi, soddisfare una richiesta legittima e comune dei piccoli agricoltori di avere un possesso sicuro del proprio pezzo di terra. Tuttavia, un problema serio è che tutto questo avviene nel contesto di politiche neoliberali - promosse dalla Banca Mondiale - che minano la redditività e la sostenibilità dell'agricoltura familiare (ROSSET, 2004, p. 20).

Pertanto, questa politica di titoli alienabili, nel contesto neoliberale, poiché le politiche fondiarie non possono essere valutate al di fuori della situazione economica generale, promuove un aumento della concentrazione fondiaria e della povertà. Questo perché il mercato non risponde ai bisogni dei cittadini, ma agli interessi del capitale.

Questi primi tre imperativi danno il via al funzionamento del mercato fondiario che, combinato con la sequenza di stimolazione del mercato fondiario, le banche della terra e la fornitura di credito ai beneficiari, finisce per costituire il quadro operativo della politica di "riforma fondiaria di mercato".

In linea con gli interessi delle élite economiche, la BM sostiene che la riforma agraria, basata sulla confisca della proprietà (esproprio), è politicamente impraticabile perché genera molti conflitti con l'oligarchia rurale. La Banca ha anche una linea guida che vieta l'acquisto di terreni con risorse proprie. Partendo da questo presupposto, fornisce vari tipi di fondi di credito, creati con risorse provenienti dal Paese stesso o da altri donatori, affinché gli Stati possano acquistare queste terre a prezzi di mercato. C'è quindi un orientamento dei lavoratori rurali senza terra ad acquistare appezzamenti di proprietà rurale, o di chi ha poca terra, generalmente degradata, non fertile e spesso sopravvalutata.

Nonostante tutti i capitali investiti, il problema della distribuzione delle terre non verrebbe risolto a causa della corruzione che esiste all'interno dei circoli dirigenti e, anche se non esistesse, la quantità di risorse necessarie per il suo trasferimento supererebbe la capacità del governo e delle organizzazioni internazionali di realizzarlo (Rosset, 2004).

Sottolineiamo che questa politica è stata attuata in Brasile a causa di circostanze interne che, secondo il governo, sarebbero state risolte adottando le strategie raccomandate nella "ricetta" della Banca Mondiale.

La scelta dei crediti per l'acquisto di terreni attraverso il mercato è stata fatta per rilanciare l'economia, dato che l'investimento in terreni sembrava essere l'opzione più sicura. È stato in questo periodo, più precisamente nel 1994, che lo Stato, unico possibile acquirente, ha optato per tale investimento.

Questo è accaduto perché, dopo il raggiungimento della stabilità dei prezzi con l'attuazione del Piano reale nel 1994, la tendenza all'aumento dei valori fondiari ha iniziato a invertirsi. Gli alti tassi di interesse hanno fatto aumentare i costi agricoli, la sopravvalutazione del tasso di cambio ha ridotto la competitività dei prodotti agricoli all'estero e il controllo dell'inflazione ha eliminato gran parte dell'attrattiva della terra come riserva di valore.

Per comprendere appieno l'attuazione dei progetti di "riforma agraria di mercato", è necessario fare riferimento alle lotte contadine che sono riemerse con grande forza dopo l'ultimo regime autoritario; per contenere questo movimento, è stato lanciato il Piano Nazionale di Riforma Agraria (PNRA) che, nel suo quadriennio, ha raggiunto solo il 6% dell'obiettivo stabilito (PAULINO, 2006).

Come questo,

> [...] i contadini entrarono negli anni '90 consapevoli che la riforma agraria non sarebbe arrivata per mano dello Stato. Le lotte si organizzarono e si diffusero in tutto il Paese, ottenendo legittimità e sostegno da parte di ampi settori della società (PAULINO, 2006, p. 304).

È in questo contesto che va compresa l'offensiva dello Stato, che a metà degli anni '90 ha negato lo strumento legale dell'esproprio delle terre nel tentativo di smantellare le lotte per l'accesso e la permanenza sulla terra. In questo periodo, inoltre, la questione agraria ha cessato di essere una questione di competenza dello Stato, poiché la Banca Mondiale ha agito come autore e investitore di maggioranza nei progetti di riorganizzazione della terra brasiliana.

Sul partenariato tra lo Stato brasiliano e la BM, Paulino (2006, p. 304) spiega:

> Questo partenariato è la migliore indicazione della portata e del potenziale trasformativo che le lotte contadine hanno raggiunto in questo decennio, al punto da mobilitare un'istituzione che, in termini di principi, non è affatto dissimile dai metodi e dagli obiettivi del governo brasiliano, dal momento che è stato un agente strategico per l'assoggettamento di molti popoli del pianeta ai principi della speculazione.

La questione agraria è stata riportata all'ordine del giorno a causa delle ondate di violenza e di occupazioni della metà degli anni Novanta, come i massacri di Corumbiara dell'agosto 1995 e di Eldorado de Carajás dell'aprile 1996. Di conseguenza, il Brasile è stato sottoposto a pressioni internazionali e ha cercato di assicurare i desideri dell'oligarchia interna attraverso misure di attualità.

Subito dopo questi eventi, nel 1996 è stato creato l'Ufficio del Ministro Straordinario per la Politica Fondiaria (MEPF), un organismo con poteri ministeriali ma senza la struttura operativa di un ministero, e l'INCRA (l'Istituto Nazionale di Colonizzazione e Riforma Agraria) è stato trasferito sotto il controllo di questo nuovo organismo. Un anno dopo la sua creazione, l'ufficio è stato trasformato in Ministero dello Sviluppo Agrario (MDA), con una struttura permanente.

Il Ministero ha quindi agito in cinque direzioni, come segue: 1) un pacchetto di misure - riduzione parziale del prezzo finale pagato dallo Stato per gli espropri, accelerazione dei tempi di presa di possesso dei terreni espropriati da parte dell'INCRA, maggiore difficoltà per i proprietari terrieri di eludere l'atto di esproprio; 2) l'utilizzo dei media per aumentare la criminalizzazione delle occupazioni di terre, vietando all'INCRA di effettuare ispezioni nelle aree occupate, rendendo impossibile l'esproprio; 3) la costruzione di un'immagine positiva del governo, attraverso i principali mezzi di comunicazione, in relazione alla riforma agraria, creando allo stesso tempo un'immagine negativa dei movimenti sociali; 4) la de-federalizzazione (decentralizzazione) delle politiche di riforma agraria, trasferendo a livello statale la responsabilità di portare avanti l'intero processo di ottenimento della terra e degli insediamenti; 5) l'attuazione della politica di "riforma agraria basata sul mercato" (RAMOS FILHO, 2008).

Di conseguenza, il Brasile ha trovato le situazioni ideali per l'attuazione della "riforma fondiaria basata sul mercato", come l'enorme domanda di terra, la tendenza al ribasso del prezzo relativo della proprietà rurale, un governo strettamente allineato alla piattaforma neoliberale e un'intensa pressione sociale per la terra; nel 1996, la politica di "riforma fondiaria basata sul mercato" è iniziata nel Paese.

Sotto il governo FHC, la riforma fondiaria basata sul mercato è stata chiamata "Nuovo Mondo Rurale" ed è stata incentrata su tre principi che sono alla base del pensiero della Banca Mondiale: l'insediamento delle famiglie come politica sociale compensativa; la "statalizzazione" dei progetti di azione per l'insediamento, trasferendo le responsabilità inerenti all'Unione agli Stati e alle municipalità; infine, la sostituzione dello strumento costituzionale dell'esproprio con la propaganda a favore del "mercato della terra".

Attraverso la logica della riforma agraria basata sul mercato, la BM promuove la privatizzazione della terra, andando contro il precetto legale che determina l'esproprio come strumento principale per ottenere la terra che non svolge la sua funzione sociale. L'obiettivo è quello di far integrare i contadini nell'agrobusiness, considerato il modello produttivo più efficiente.

Per questa integrazione nell'agroalimentare, il governo dell'FHC ha attuato diversi progetti creati dalla Banca Mondiale, tra cui la Cédula da Terra, inizialmente nello Stato del Ceará. Nel 1997 è stata estesa a Bahia, Minas Gerais, Pernambuco e Maranhão, Stati scelti per la loro enorme concentrazione di povertà, che doveva essere "alleviata" attraverso meccanismi di mercato.

Il Ministero dello Sviluppo Agrario giustificò l'attuazione del programma Cédula da Terra come un modo per rendere più economico e veloce l'accesso alla terra e la creazione di insediamenti attraverso il mercato. Uno degli obiettivi del programma era quello di consentire al governo di accelerare il programma di riforma agraria riducendo il costo della terra, creando meccanismi che si supponeva fossero più agili ed efficaci rispetto alla costosa espropriazione delle terre ai fini della riforma agraria (SAUER, 2004).

Un altro progetto è stato la Banca della terra, approvata nel 1998; nel 2000, il Credito fondiario per la lotta alla povertà rurale e, infine, il Programma di consolidamento degli insediamenti (che fa parte del Programma nazionale di credito fondiario). Di conseguenza, l'indebitamento e l'espropriazione dei lavoratori rurali si sono accentuati e l'inflazione dei prezzi della terra è stata rafforzata (SAUER, 2004).

Le giustificazioni per l'attuazione di questi programmi si basano sul presupposto che il mercato e i suoi meccanismi siano in grado di ridurre i conflitti e le dispute sulla terra, minimizzando i problemi sociali e cercando così di destrutturare/deideologizzare i movimenti nella storica lotta per l'accesso alla terra.

Il governo Cardoso non solo ha incoraggiato, ma ha anche investito nella riforma fondiaria basata sul mercato, con l'argomentazione principale della lentezza dei processi di esproprio, della sopravvalutazione dei valori fondiari e degli alti costi degli insediamenti. Per la BM, il successo di questo modello di riforma fondiaria in Brasile era indispensabile per la sua diffusione in altri Paesi.

L'elezione di Lula a presidente ha ravvivato le speranze dei contadini. Ci si aspettava che questo governo non solo invertisse la politica agraria del mercato fondiario, ma che facesse della riforma agraria una priorità nell'agenda nazionale. Il discorso politico che precedeva la sua elezione poneva la riforma agraria come un modo importante per generare posti di lavoro, garantire la sovranità alimentare e la base per un nuovo modello di sviluppo.

Tuttavia, ciò che vediamo ancora oggi è la continuazione delle politiche della BM per le aree rurali, introdotte attraverso il Piano Nazionale di Riforma Agraria "Pace, produzione e qualità della vita nelle aree rurali", in cui l'obiettivo principale è la continuazione del Programma di Credito per la Lotta alla Povertà Rurale.

Oggi, la visione monetarista delle questioni agrarie, subordinata alle dinamiche di riproduzione allargata del capitale agroindustriale, rafforza lo svuotamento del carattere politico, sociale e culturale che viene dato alla questione.

2.1 PROGRAMMI DI CREDITO FONDIARIO

Dopo aver riflettuto sul contesto in cui sono stati implementati i crediti fondiari e sulle circostanze che hanno portato alla loro attuazione in Brasile, passiamo ad analizzare il funzionamento dei programmi.

2.1.1 Cédula da Terra

Il programma di credito fondiario ha iniziato a essere attuato nel Ceará nel 1996 attraverso il Programma di riforma agraria solidale - Progetto São José, gestito dall'Istituto di sviluppo agrario del Ceará (IDACE), in cui per acquistare la terra era necessario costituire un'associazione composta da lavoratori rurali senza terra o da piccoli proprietari terrieri.

L'acquisto del terreno è stato effettuato tramite un prestito tra l'associazione e il Banco do Nordeste; il prestito doveva essere rimborsato dopo quindici anni, con un periodo di grazia di quattro anni, sul saldo residuo, applicando il tasso di interesse a lungo termine (TJLP) e il tasso di rendimento dell'agente finanziario, fissato all'1% annuo sul saldo residuo.

Nello stesso anno, la legge 12.614 del 12 agosto 1996 ha creato la Cédula da Terra, un progetto pilota per la riforma agraria e la riduzione della povertà, con un significativo sostegno finanziario, circa 90 milioni di dollari, e il supporto intellettuale della Banca Mondiale. Il progetto ha iniziato a essere attuato nel 1997 nel Nordest (Ceará, Maranhão, Pernambuco e Bahia) e nel Nord di Minas Gerais, Stati scelti per l'alta concentrazione di povertà, che doveva essere "alleviata" attraverso meccanismi di mercato. I destinatari sarebbero stati gli agricoltori senza terra (salariati, affittuari, soci) o quelli con terra insufficiente per sopravvivere.

Per quanto riguarda il finanziamento dell'acquisto di terreni, in questo programma, nella prima fase, il saldo residuo potrebbe essere ammortizzato in dieci anni, con un periodo di grazia di tre anni, a un tasso di interesse del 4% annuo. Nella seconda fase, gli interessi sarebbero compresi tra il 2% e il 6% all'anno, con un periodo di rimborso del debito di 20 anni.

Secondo Oliveira (2006, p. 155) l'associazione:

> [...] dovrebbe scegliere la proprietà da acquisire e discutere le basi della transazione con il proprietario terriero. Successivamente, all'agenzia fondiaria statale verrebbe inviata una proposta di finanziamento dell'insediamento e una richiesta da parte del proprietario di una dichiarazione di intenzione di vendere la proprietà. Una volta trasmessi tutti i documenti, l'agenzia statale competente, in questo caso l'agenzia fondiaria, li analizza e poi valuta la ragionevolezza del prezzo del terreno sul mercato fondiario dell'area in questione. Una volta fatto questo, viene consegnata una lettera di credito all'associazione che, tramite un agente finanziario statale, acquista la proprietà sul mercato. I contratti vengono firmati tra l'associazione e il proprietario dell'immobile, che viene registrato a nome dell'associazione e rimane di sua proprietà fino al saldo del debito con la banca. In caso di recesso, è possibile effettuare una sostituzione, a condizione che il sostituto soddisfi i criteri di ammissibilità.

Le persone interessate a partecipare al progetto dovrebbero riunirsi in associazioni e sarebbero responsabili della selezione dell'area e della negoziazione dell'acquisto direttamente con i proprietari. Ci sarebbe stato anche un investimento a fondo perduto di 1.300,00 R$ (milletrecento reais) per far insediare le famiglie nella proprietà. Tuttavia, le influenze esterne sono state decisive nel processo di negoziazione, come dimostrano le ricerche di Sauer (2004) e Oliveira (2006).

Il programma Cédula da Terra è stato concepito e attuato sulla base delle regole del mercato, soprattutto per quanto riguarda l'acquisizione di terreni. Di norma, i terreni assegnati al programma sono di scarsa qualità e lontani dal mercato dei consumatori. L'argomentazione della Banca Mondiale era che il mercato fondiario in Brasile era incipiente e che le scarse risorse disponibili (il limite di risorse per ogni famiglia era di 11.000 dollari, compresi i terreni e le infrastrutture) avrebbero costretto all'acquisizione di aree più economiche. Tuttavia, il fatto che i lavoratori partecipanti a questo programma siano stati assegnati a località remote, prive di miglioramenti e infrastrutture, con scarse risorse per acquistare la terra, dotarla di infrastrutture minime e metterla al lavoro, dimostra solo la natura disarticolante di questo programma.

Limitazioni come l'attuazione di progetti in regioni meno dinamiche, con terreni meno pregiati e più deboli e gravi restrizioni alla produzione hanno un impatto diretto sulla capacità produttiva e sulle condizioni per rispettare gli impegni, come i pagamenti per la terra.

La rapidità con cui il progetto della Cédula da Terra fu esteso a tutto il Paese era legata alle pressioni dei movimenti sociali per accelerare gli espropri per la riforma agraria e alle continue critiche che il programma riceveva. Secondo Medeiros (2003), la creazione del Banco da Terra, una proposta di espansione della Cédula da Terra, corrispondeva alle richieste dei proprietari terrieri che si erano sempre opposti ai programmi di riforma agraria basati sull'espropriazione delle proprietà improduttive e sul pagamento delle obbligazioni agrarie.

2.1.2 Banca della Terra

Nonostante le aspre critiche dei movimenti sociali e delle organizzazioni contadine (tra cui la Commissione Pastorale della Terra (CPT) e il Movimento dei Lavoratori Rurali Senza Terra (MST)), la Banca della Terra o Fondo di Riforma Agraria (Fundo de Terras e da Reforma Agrária) è stata istituita nel 1998 con la Legge Complementare 93/1998.

Lo scopo di questi prestiti era quello di finanziare i piccoli agricoltori - organizzati in associazioni, cooperative e condomini - per l'acquisto di proprietà rurali e la creazione di infrastrutture di base. Invece di promuovere l'esproprio di terreni improduttivi, questi venivano negoziati dagli agricoltori e acquistati a prezzi di mercato con i fondi del Banco da Terra e ipotecati fino all'estinzione del prestito.

Il progetto è stato oggetto di molte critiche e controversie fin dalla sua creazione, la principale delle quali è legata al ruolo sostitutivo attribuito alla Banca della terra in relazione alla riforma agraria redistributiva. In questo modo, lo Stato ha rinunciato al suo ruolo di intervento e ha lasciato la responsabilità della riforma agraria al mercato. Secondo Gérson Teixeira, presidente dell'Associazione brasiliana per la riforma agraria (ABRA):

> FHC pensava che il mercato avrebbe avuto il potere di democratizzare la struttura della proprietà terriera, ma ha lasciato il potere di farlo ai latifondi stessi e ai proprietari terrieri. In questo modo, la Banca della terra non può funzionare come agente di riforma agraria (MAIOR; SALVO, 2003, p.1).

Il Programma Banca della Terra è strutturato come illustrato nella Figura 2, che mostra i livelli nazionale, statale, regionale e comunale responsabili della sua attuazione.

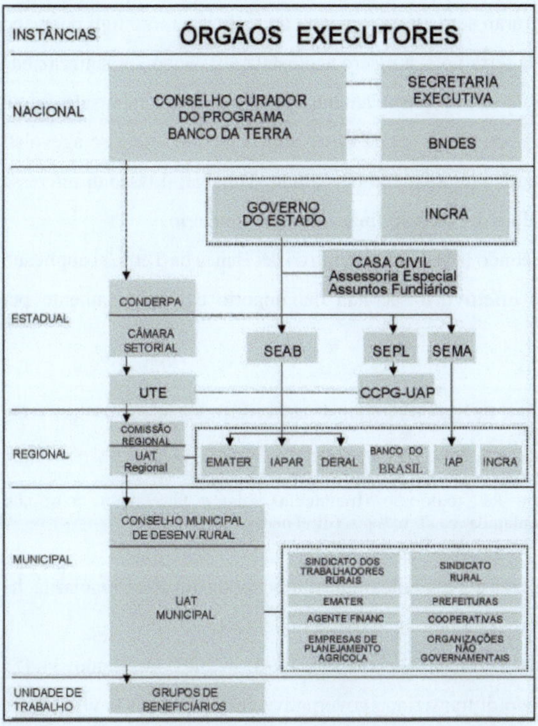

Figura 2 - Funzionamento del Programma Banco da Terra

Fonte: Manuale operativo del Banco da Terra (2000)

Secondo il Manuale operativo del Banco da Terra, gli obiettivi specifici del Programma sono,

> a) fornire i mezzi necessari per l'acquisizione di terreni agricoli e la creazione di infrastrutture per i lavoratori rurali, i contadini senza terra e gli agricoltori con terreni insufficienti per mantenere le loro famiglie;
> b) razionalizzare gli sforzi e l'uso delle risorse finanziarie dei governi federali, statali e comunali, in base alle esigenze dei gruppi beneficiari;
> c) fornire alle aree degli insediamenti o alla loro influenza le infrastrutture e i servizi necessari per migliorare le condizioni economiche e sociali dell'agricoltura.
> d) promuovere un'azione integrata tra i gruppi di beneficiari e gli altri agenti di mobilitazione coinvolti nel Programma, in particolare il governo municipale, incoraggiando il processo decisionale locale basato sul piano di sviluppo municipale;
> e) contribuiscono a fornire posti di lavoro e a mantenere le famiglie nelle aree rurali;
> f) incoraggiare e sostenere l'organizzazione degli agricoltori familiari per raggiungere insieme i loro obiettivi;

Tuttavia, a nostro avviso, pochi di questi obiettivi sono stati raggiunti, come dimostreremo attraverso le nostre visite ai gruppi studiati.

Il Banco da Terra presentava alcune differenze rispetto al programma Cédula de Terra. I lavoratori rurali senza terra, i piccoli agricoltori e i loro figli potevano partecipare al programma e la terra poteva essere acquistata attraverso l'organizzazione di associazioni o individualmente. Il finanziamento poteva essere rimborsato in un massimo di vent'anni, con un periodo di grazia di tre anni e tassi di interesse agevolati che andavano dal 2% per le aree più povere al 6% annuo. Tuttavia, il tasso di interesse potrebbe variare in base al valore del singolo finanziamento fondiario.

Pertanto, secondo il Manuale operativo del Banco da Terra, si applicano i seguenti tassi di interesse effettivi, a seconda dell'importo del finanziamento per beneficiario:

> a) fino a R$ 15.000,00 (quindicimila reais): 6% annuo (sei per cento all'anno).
> b) oltre R$ 15.000,00 (quindicimila reais) e fino a R$ 30.000,00 (trentamila reais): 8% p.a. (otto per cento all'anno).
> c) oltre R$ 30.000,00 (trentamila reais) e fino a R$ 40.000,00 (quarantamila reais): 10% p.a. (dieci per cento all'anno).

L'inadeguatezza del modello, unita alla scoperta di varie irregolarità, ha portato alla sospensione del programma Banco da Terra nel febbraio 2003.

Il Banco da Terra ha operato dal 1999 al 2002 (servendo 34.478 famiglie) in Brasile, un periodo di transizione governativa culminato con la vittoria del candidato Luís Inácio Lula da Silva, eletto da una coalizione politica guidata dal PT, con il sostegno dei movimenti sociali e delle organizzazioni contadine che lottavano per la riforma agraria. La tabella seguente riassume i risultati del programma.

Tabella 1 - Bilancio delle operazioni del Banco da Terra tra il 1999 e il 2003

Stato	**Contratti**	**Comuni**	**Le famiglie**	**Area (ha)**	**Valore**	**Valore medio per ettaro**
Alagoas	24	21	656	10.476	R$ 13.118.448	R$1 .252,23
Spirito Santo	21	16	586	5.760	R$ 12.416.380	R$2 .155,62
Goiás	27	21	2.259	33.744	R$ 45.397.198	R$1 .345,34
Maranhão	1	1	33	827	R$ 120.196,00	R$145 ,46
Minas Gerais	94	76	2.534	167.400	R$54 .385.844	R$324 ,88
Mato Grosso do Sul	17	13	1.212	14.869	R$ 22.847.834	R$1 .536,60
Mato Grosso	41	30	3.214	64.766	R$ 57.115.718	R$88 ,44
Paraíba	68	58	452	25.010	R$ 13.866.413	R$554 ,43
Pernambuco	4	3	121	4.112	R$ 2.196.675	R$534 ,21
Piauí	34	30	1.436	41.458	R$ 16.454.551	R$396 ,89
Paraná	123	88	2.160	24.210	R$ 64.524.797	R$2 .665,21
Rio de Janeiro	11	9	349	4.371	R$ 8.349.162	R$1 .910,12
Rio Grande do Norte	19	16	496	10.224,00	R$ 7.701.461	R$753 ,24
Rio Grande do Sul	1.251	437	10.239	119.301	R$ 212.520.538	R$1 .781,38

Santa Catarina	843	264	4.685	75.426	R$ 140.294.114	R$1 .860,02
Sergipe	24	17	1.024	11.325	R$ 17.151.402	R$1 .514,47
San Paolo	71	58	2.093	14.189	R$ 63.910.812	R$4 .504,25
Tocantine	11	9	382	9.567	R$ 487.658	R$506 ,70
Totale	**2.684**	**1.160**	**34.478**	**1.218.035**	**R$ 757.219.302**	**R$1 .323,86**

Fonte: MDA (2007)

La tabella 1 mostra che l'attività più intensa del Programma si è svolta nel Sud, dove si è concentrato il 70% dei contratti di finanziamento. Ciò è dovuto a una serie di fattori, in particolare alla saturazione degli smembramenti dovuta al processo storico di insediamento, in cui le piccole proprietà erano numericamente importanti. A questa performance ha contribuito anche il caso specifico dello Stato di Rio Grande do Sul, dove i contratti individuali sono stati un espediente ampiamente utilizzato e, infine, il ruolo distintivo delle autorità locali, dei sindacati e dei municipi nel rendere il Banco da Terra una realtà. Un altro dato da sottolineare è il prezzo della terra, che nello Stato di San Paolo è fino a 50 volte superiore a quello del Mato Grosso. Ciò è dovuto al fatto che il prezzo è influenzato dalla qualità del suolo e dalla presenza di infrastrutture, il che significa che le aree degli appezzamenti nei luoghi in cui la terra è più costosa sono più piccole.

Tuttavia, prima della fine dell'amministrazione del presidente Fernando Henrique Cardoso (1998-2002), il Ministero dello Sviluppo Agrario, sotto la guida dell'ex ministro Raul Jungmann, ha lanciato un nuovo programma di accesso alla terra basato sul mercato per sostituire il Banco da Terra, il progetto Crédito Fundiário e Combate à Pobreza Rural (CFCP).Secondo Medeiros (2003), il sostegno della CONTAG (Confederazione Nazionale dell'Agricoltura) al programma ha influenzato in modo decisivo l'approvazione del prestito con la Banca Mondiale, che ha spostato il sostegno dal Programma Banco da Terra al Programma di Credito Fondiario per la Lotta alla Povertà Rurale. Non meno importante di questa influenza è stata l'aperta opposizione dei movimenti sociali e delle organizzazioni contadine attraverso il Forum nazionale per la riforma agraria e la giustizia nelle campagne.

2.1.3 Credito alla povertà rurale

Il Progetto di Credito Fondiario e Lotta alla Povertà Rurale ha mantenuto la stessa proposta dei suoi programmi precedenti, ovvero alleviare la povertà rurale nelle campagne brasiliane. Finanziato dal governo federale e dalla Banca Mondiale, ha portato come novità la partecipazione della CONTAG alla sua creazione e attuazione.

[8]Il PCP copriva tutti gli Stati delle regioni del Nord-Est e del Sud, oltre a Minas Gerais ed Espírito Santo. La sua proposta consentiva un credito individualizzato (senza diritto alle risorse produttive) e il finanziamento veniva mantenuto con una durata fino a vent'anni, con un periodo di grazia di tre anni, un interesse fisso del 6% annuo, con uno sconto del 50%, applicabile agli oneri finanziari se le rate venivano pagate in tempo, oltre all'esenzione dalla correzione monetaria.

I progetti Cédula da Terra, Banco da Terra e Crédito Fundiário e Combate à Pobreza Rural hanno in comune la logica della valorizzazione dell'appropriazione privata della terra. La permanenza e i cambiamenti, l'agilità nello sviluppo e la mobilità nel cambiamento dei programmi rivelano la lotta per la terra nella società brasiliana, tra i movimenti sociali e le politiche del governo di Fernando Henrique Cardoso. Durante l'amministrazione Lula, queste lotte sono continuate; tuttavia, hanno avuto un impatto limitato, non perché il governo si sia realmente preoccupato di trattare la riforma agraria come una necessità, ma perché ha attuato programmi di credito fondiario ovunque ci fossero tensioni per la terra, come si può vedere nel grafico 2.

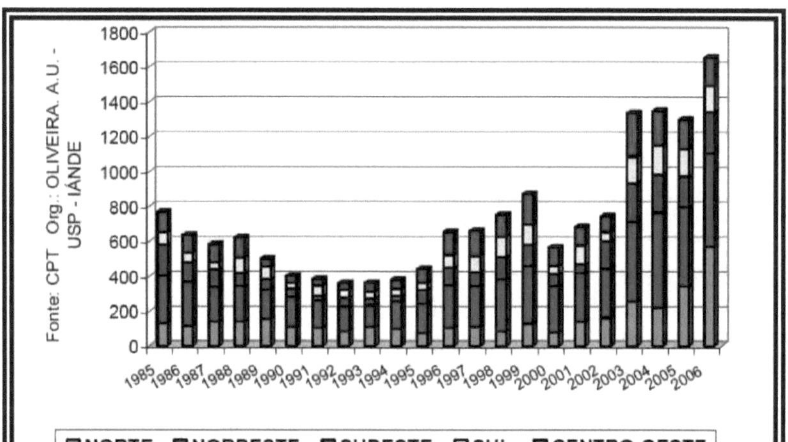

Grafico 2 - Conflitti nelle campagne in Brasile dal 1985 al 2006

Fonte: Oliveira (2007, p. 154)

2.1.4 Piano nazionale di credito fondiario

[8] Secondo il Ministero dello Sviluppo Agrario, 77.000 famiglie hanno beneficiato del Programma di credito fondiario per la lotta alla povertà rurale tra il 2003 e il 2009. Disponibile all'indirizzo: <http://www.mda.gov.br>. Consultato il 16 giugno 2010.

Il PNCF è stato presentato come una richiesta storica da parte di organizzazioni sindacali come la CONTAG e la FETRAF-Sul (Federazione dei Lavoratori dell'Agricoltura Familiare della Regione Sud), per un programma di credito a complemento dell'espropriazione delle terre e come un meccanismo efficace di partecipazione e controllo sociale. Il documento ha definito la non acquisizione di aree improduttive di dimensioni superiori a 15 moduli fiscali e la partecipazione sociale attraverso i lavoratori rurali e le loro organizzazioni comunitarie, il Consiglio municipale per lo sviluppo rurale sostenibile (CMDRS), il Consiglio statale per lo sviluppo rurale sostenibile (CEDRS), l'Unità tecnica statale (UTE), il Consiglio nazionale per lo sviluppo rurale sostenibile (CONDRAF), le federazioni dei lavoratori dell'agricoltura e dell'agricoltura familiare e i loro sindacati.

In questo modo, il programma non ripeterebbe i problemi che si sono verificati nelle esperienze precedenti, né farebbe parte di una "riforma fondiaria di mercato", fondamentalmente perché non acquisterebbe aree che potrebbero essere espropriate e perché avrebbe una struttura partecipativa, dalla preparazione e gestione all'esecuzione.

Il PNCF è suddiviso in tre linee di finanziamento: Lotta alla povertà rurale, La nostra prima terra e Consolidamento dell'agricoltura familiare, destinate ai lavoratori rurali senza terra, ai piccoli proprietari rurali con accesso precario alla terra e ai piccoli proprietari terrieri, compresi i giovani e gli anziani. Il programma prevedeva inoltre come principio l'"autonomia" delle comunità, vale a dire che l'associazione avrebbe dovuto auto-selezionare i propri partecipanti, scegliere la proprietà da acquistare, nonché negoziare il prezzo della terra con il proprietario, e anche come spendere le risorse destinate agli investimenti comunitari, oltre a gestire le proprie forme di organizzazione e produzione, tra le altre attività.

I finanziamenti per l'acquisto della terra proverranno da risorse rimborsabili del Fondo fondiario e quelli per gli investimenti comunitari da risorse non rimborsabili, principalmente dal contratto con la Banca Mondiale. Questi investimenti si dividono in tre tipologie: a) investimenti produttivi (orti di sussistenza e di produzione, formazione di pascoli, strutture, conservazione del suolo, costo dei primi raccolti, acquisto di animali); b) investimenti infrastrutturali di base (abitazioni, approvvigionamento idrico, elettrificazione, strade all'interno della proprietà, ecc.) e c) investimenti per la formazione di risparmi da parte delle famiglie o delle comunità (risparmi bancari o fondi di investimento, formazione di capitale circolante, ecc.)

Gli agricoltori che partecipano a questo programma hanno anche un sostegno iniziale non rimborsabile per l'installazione fino a 2.400,00 R$ (duemilaquattrocento reais) e, nel caso di proprietà situate nella regione semi-arida, un ulteriore 2.000,00 R$ (duemila reais) per famiglia per coprire i costi della sicurezza idrica. Il contributo degli agricoltori sarebbe stato pari ad almeno il 10% dell'investimento totale, sotto forma di manodopera, materiali o denaro, ma fondamentalmente sotto forma di manodopera. La fonte di finanziamento del programma era il Fondo Fondiario (ex Banco da Terra), creato dalla Legge Complementare 93/98 e regolato dal Decreto 4.892 del 25 novembre 2003, e la Banca Mondiale (OLIVEIRA, 2006).

Il PNCF ha alimentato il malcontento dei movimenti sociali e dei rappresentanti dei contadini in lotta per la riforma agraria nei confronti della politica agraria del governo Lula da Silva. Questo perché il programma ha mantenuto l'incentivo all'acquisizione della terra attraverso il processo di compravendita sul mercato, tralasciando lo strumento costituzionale dell'esproprio, e ha introdotto la strategia di gestione del Fondo Fondiario a lungo termine (trent'anni), segnalando tempi lunghi per il pagamento. Di conseguenza, i contadini appena insediati dovranno spendere di più per restituire i prestiti.

Se analizziamo l'attuazione della "riforma agraria di mercato" in Brasile e il modo in cui i suoi programmi hanno funzionato, possiamo dire che le politiche pubbliche per segmenti specifici tendono a privilegiare e rafforzare il latifondo; la riforma agraria emerge quindi per il governo come risposta alle pressioni dei movimenti sociali che lottano per la terra.

In questo modo, la politica di riforma agraria della Banca Mondiale ha trascurato la lotta contadina per la riforma agraria e ha mantenuto una politica agraria che valorizza il mercato, piuttosto che lo Stato, come strumento legale per l'accesso alla terra.

Riteniamo quindi che il mercato non sia un meccanismo in grado di democratizzare la concentrazione fondiaria brasiliana o di promuovere qualsiasi tipo di riforma agraria socialmente giusta.

Passiamo quindi all'evidenza di questo contraddittorio processo di ri-creazione contadina, di cui i progetti di credito fondiario sono un buon esempio perché, pur favorendo il mercato fondiario, che rende così vulnerabile la condizione contadina, aprono varchi per la sua ri-creazione, ovviamente in una percentuale trascurabile rispetto al numero totale dei beneficiari.

CAPITOLO 3

CARATTERIZZAZIONE DELL'AREA DI STUDIO

3.1 BANCHE DELLA TERRA A LONDRINA E TAMARANA

Come si è visto, Tamarana è uno dei comuni del nord del Paraná in cui la politica di distribuzione della terra è stata un importante espediente, soprattutto alla fine degli anni '90, che va attribuito alla capacità dei movimenti contadini organizzati di mettere all'ordine del giorno la richiesta di terra.

Anche la geografia della municipalità ha giocato un ruolo in questo senso, in particolare l'esistenza di uno stock di terreni con titoli di proprietà con vizi di origine, che ovviamente ha incoraggiato gli agricoltori a farli espropriare dall'INCRA. A ciò si aggiungono la topografia e le condizioni del suolo che fanno sì che alcuni terreni abbiano un basso prezzo di mercato, rendendoli appetibili per l'acquisizione pubblica nei termini già presentati in questo lavoro.

Per questi motivi, anche in questa zona vi è un numero significativo di progetti di credito fondiario, che ci ha portato al taglio proposto, aggiungendo anche i progetti del Banco da Terra a Londrina e Tamarana, come mostrato nella Figura 3, le cui caratteristiche geografiche (tipo di suolo, clima, vegetazione, tra le altre cose) sono simili, fornendo così alcuni parametri di confronto. I gruppi del Banco da Terra analizzati in questa ricerca sono mostrati nella Tabella 2 e nella Tabella 3, insieme alla loro ubicazione e al numero di famiglie che vivono nelle proprietà.

Grafico 2 - Gruppi della Banca della terra a Londrina

Posizione	Nome del gruppo	Numero di famiglie	Anno di costituzione
Londrina (Lerroville)	Gruppo Alto Alegre	47	2008
Londrina (São Luiz)	Gruppo Akolá	42	2001
Londrina (Warta)	Gruppo Re della Lattuga	06	2001

Fonte: EMATER - Londrina. Organizzato dall'autore.

I distretti in cui si trovano i Gruppi bancari sono

I gruppi di terreni di Londrina sono illustrati nella Figura 4.

da Terra nel comune di Tamarana, la Tabella 3 fornisce i dettagli della sua costituzione.

Grafico 3 - Gruppi della Banca della terra in Tamarana

Posizione	Nome del gruppo	Numero di Le famiglie	Anno di costituzione
Tamarana	Gruppo Brasile	50	2001
Tamarana	Gruppo Hope	08	2001
Tamarana	Gruppo Rinascimento 1	22	2003
Tamarana	Grupo Renascer II	18	2003
Tamarana	Grupo Renascer III	17	2003

Fonte: EMATER - Tamarana. Organizzato dall'autore.

La Figura 3 mostra che i gruppi Banco da Terra sono spesso situati su suoli a bassa fertilità, spesso poco profondi, con affioramenti rocciosi, come i suoli litici eutrofici A presenti nei gruppi Renascer I, II e III. Nei Gruppi Brasile, Esperança e Alto Alegre, il suolo predominante è il latosol A distrofico violaceo, un suolo acido con un'alta concentrazione di argilla e una bassa capacità di immagazzinamento dell'acqua. A causa delle forti pendenze, soprattutto nel Gruppo Brasile, è adatto solo alla coltivazione di ortaggi, di alcuni cereali come mais, soia e grano, o di bestiame.

Fazenda Akolá e Rei do Alface si trovano in un terreno prevalentemente eutrofico di struttura A, che è un terreno altamente fertile, profondo e alcalino, con pochi o nessun affioramento roccioso.

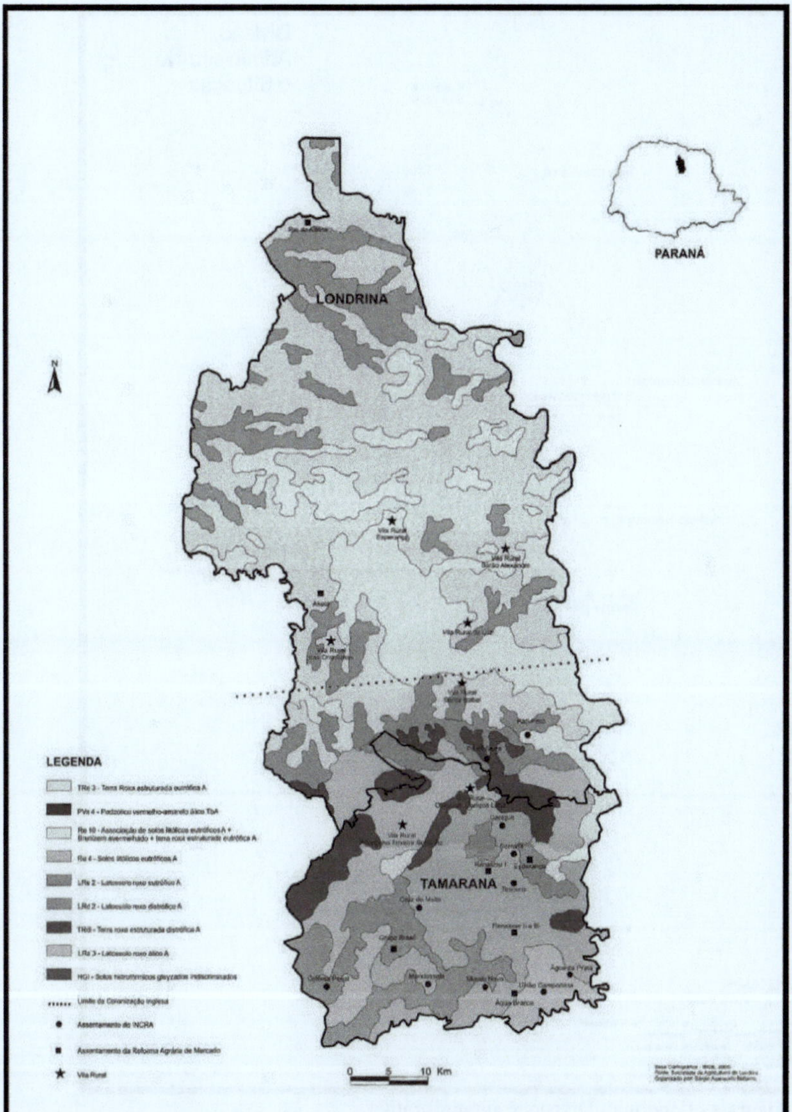

Figura 3 - Mappa del suolo e localizzazione degli insediamenti, dei villaggi rurali e dei gruppi di
banche della terra nei comuni di Londrina e Tamarana
Fonte: Nabarro (2010, pag. 114)

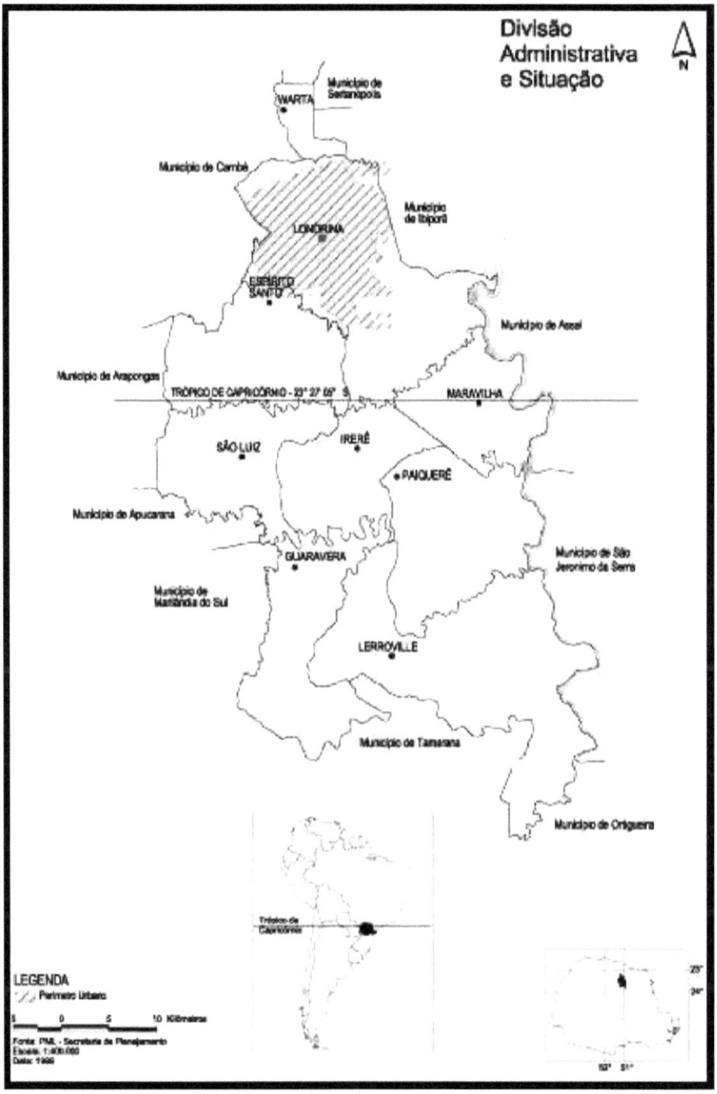

Figura 4 - Londrina - Divisione amministrativa
Fonte: Dipartimento di pianificazione di Londrina.

3.1.1 Fattoria Akolá

La Fazenda Akolá si trova nel distretto di São Luiz, nel comune di Londrina/PR, con una superficie totale di 485,6 ettari (ha), di cui 152 ettari destinati alla riserva legale (collettiva). I restanti 333,6 ettari ospitano 42 famiglie (181 persone), ciascuna con un appezzamento di 7,94 ettari.

L'azienda agricola è stata acquistata tramite un finanziamento del

Programma federale di credito fondiario - Fondo per la riforma agraria (Banco da Terra) nel 2000. Il prezzo di acquisto della proprietà è stato di 1.465.213,40 R$ e il finanziamento di 1.680.000,00 R$, con un importo totale del finanziamento per ogni "beneficiario" di 40.000,00 R$. Il programma prevede un periodo di grazia di tre anni per l'inizio dei pagamenti e la durata del prestito è di 17 anni.

[9]Il prezzo di acquisto della proprietà (1.465.213,40 R$) è costituito dalla somma dei valori che comprendono il prezzo del terreno nudo 1.384.743,80 R$, le migliorie/attrezzature 20.000,00 R$, le spese notarili 47.945,20 R$ e le spese di rilevamento e misurazione dell'area 12.524,40 R$.

Per analizzare cosa rappresentasse il costo della terra nel debito contratto dai beneficiari, abbiamo innanzitutto esaminato il prezzo base per ettaro fornito dal Dipartimento dell'Agricoltura e dell'Approvvigionamento del Paraná (SEAB) e dal Dipartimento dell'Economia Rurale (DERAL) di Londrina per i terreni meccanizzabili e non meccanizzabili, per verificare se la proprietà fosse stata sopravvalutata o meno. [1011]Il prezzo base per i terreni meccanizzabili e non meccanizzabili nel 2000 (anno di acquisto della proprietà per la creazione del Banco da Terra - Fazenda Akolá) era rispettivamente di 2.893,00 R$/ha e 1.859,00 R$/ha. Tuttavia, il prezzo pagato per ettaro, secondo la proposta di finanziamento fatta da EMATER, era di 2.851,61 R$.

Chiarite queste cifre, facciamo un semplice esercizio: se sappiamo che nella Fazenda Akolá la superficie non meccanizzabile è costituita solo dalla riserva legale (152 ettari), rimangono 333,6 ettari di terreno non meccanizzabile.
terreni meccanizzabili. Moltiplicando l'area meccanizzabile per il prezzo base, si ottiene un valore di 965.104,80 R$; ripetendo lo stesso ragionamento per il terreno non meccanizzabile, si ottiene un valore di 221.280,00 R$. Sommando i due valori, si arriva al valore reale della proprietà di 1.176.784,80 R$, che rappresenta una differenza di 208.359,00 R$ sul prezzo pagato dal Programma Banco da Terra al proprietario dell'area.

Ipotizzando una situazione irrealistica in cui solo la superficie totale dell'azienda agricola sia considerata meccanizzabile e moltiplicata per il prezzo base, solo in questo caso si otterrebbe un prezzo più alto di quello pagato al proprietario, pari a 1.404.840,80 R$, ovvero una differenza di 20.097,00 R$.

Tuttavia, le domande non si limitano al prezzo pagato per il terreno,

---

[922] L e migliorie esistenti sulla proprietà erano due case in muratura, una con una superficie di 60 m (8.000,00 R$) e l'altra di 48 m (3.500,00 R$) in buone condizioni, secondo la proposta di finanziamento fatta dai tecnici di EMATER, un pozzo con un serbatoio d'acqua (5.000,00 R$) e l'elettricità (4.500,00 R$).

[10] Il prezzo si riferisce a un ettaro di terreno meccanizzabile a Londrina nel 2000.

poiché è noto che le proprietà incluse nel programma del Banco da Terra sarebbero state vendute a prezzo di mercato, non a un prezzo prestabilito. Ci si chiede anche come si sia arrivati al valore totale del finanziamento (1.680.000,00 reais): sono stati sommati il prezzo della proprietà (1.465.213,40 reais) e il 54% dei costi del progetto infrastrutturale (214.786,98 reais). Il progetto prevedeva la costruzione di quaranta case in muratura per un costo totale di 200.000,00 reais, l'elettrificazione rurale (87.120,00 reais), i servizi igienici di base (46.000,00 reais), la costruzione di strade di accesso (13.954,00 reais) e 42 granai (42.000,00 reais).

L'importo maggiore assegnato ai "beneficiari" per il completamento del progetto infrastrutturale è stato di 160.000,00 reais per la costruzione delle case, circa 4.000,00 reais per ogni casa e il resto (40.000,00 reais) per il gruppo. Quindi, ogni casa doveva essere costruita con 5.000,00 R$, sulla base di una situazione limite in cui la persona che aveva attivato il finanziamento tramite il Banco da Terra avrebbe avuto questi soldi solo per realizzare l'infrastruttura del proprio lotto.

[11] [12][13][14]Con queste cifre vogliamo mostrare l'inaccettabile situazione in cui un programma come il Banco da Terra e altri programmi di credito fondiario sono finalizzati esclusivamente a finanziare l'acquisto di terra, in un Paese che ha 216.328.597 ettari di terra improduttiva, dichiarata dai suoi stessi titolari all'INCRA, e 496.901.265 ettari di terra libera, in altre parole, una superficie di 713.229.862 ettari che potrebbe essere espropriata nell'interesse sociale ai fini della riforma agraria. Secondo l'articolo 184 della Costituzione del 1988:

> Art. 184: Il Governo Federale è responsabile dell'espropriazione delle proprietà rurali che non svolgono la loro funzione sociale ai fini della riforma agraria, mediante un indennizzo preventivo ed equo in titoli di debito agrario, con una clausola di conservazione del valore reale, riscattabili entro un periodo massimo di venti anni a partire dal secondo anno di emissione, e il cui uso sarà definito per legge.

[15][16][17]Nell'area studiata, la situazione non è diversa: nel Paraná, il 20% (3.956.951ha) della superficie totale (19.927.978ha) è incolto, e a Londrina il 18% (31.047ha).

Vale anche la pena di chiedersi se sia possibile che una famiglia con

---

[11] Il prezzo si riferisce a un ettaro di terreno viola non meccanizzabile a Londrina nel 2000.
[12] OLIVEIRA (2010 s/p.)
[13] OLIVEIRA (2010 s/p.)
[14] OLIVEIRA (2010 s/p.)
[15] OLIVEIRA (2010 s/p.)
[16] OLIVEIRA (2010 s/p.)
[17] OLIVEIRA (2010 s/p.)

poche risorse monetarie, che aderisce a un programma di credito fondiario come il Banco da Terra, sia in grado di produrre immediatamente per provvedere al proprio sostentamento e alla riproduzione sociale. Come sarebbe possibile che un programma che mira solo a finanziare una proprietà rurale, dato che nessuna delle risorse del Banco da Terra è destinata a un progetto di produzione, sia in grado di promuovere il consolidamento dei contadini e la loro ricreazione?

Per mettere in pratica il progetto di produzione, i produttori devono attivare un altro programma di credito, il PRONAF, sia per gli investimenti che per i finanziamenti. Alla Fazenda Akolá, il progetto di produzione iniziale è costato 399.000,00 reais e le colture scelte sono state caffè densificato, mais, manioca, igname e lattuga. Ad eccezione della lattuga, tutte le colture sono state finanziate dal PRONAF A e D. Secondo i dati dell'Istituto di Assistenza Tecnica ed Estensione Rurale del Paraná (EMATER), il reddito medio annuo pro capite è di 6.738,00 R$ (561,50 R$ al mese), di cui il 94% proviene dalla produzione agricola e il 6% da altre fonti di reddito. Il sistema produttivo predominante nell'azienda è l'olericoltura, che comprende colture con una superficie media di 5,69 ettari di patate dolci, manioca, igname, mais verde, barbabietole, carote e melanzane; e colture perenni con una superficie media di 3,74 ettari di arance e caffè densificato. Questi dati sono stati presentati il 3 dicembre 2009 in occasione della "Passeggiata della comunità rurale", come mostra la foto 1, in cui si vede il presidente dell'Associazione dei produttori agricoli di Akolá parlare ai partecipanti all'evento.

Foto 1 - Passeggiata nella comunità rurale - Fattoria Akolá

Fonte: EMATER - Londrina, dicembre 2009.

Secondo l'operatore di EMATER Paulo Mrtvi (2009, p. 1), l'obiettivo principale dell'evento era:

> [...] per evidenziare l'importanza del processo di organizzazione, del lavoro collettivo, soprattutto quando si tratta di vendere la produzione e acquistare i fattori produttivi. All'epoca, il produttore Agnaldo Bispo illustrava bene questa idea: attraverso l'associazione, otteneva 14,00 R$ per una cassetta di patate; se le avesse vendute agli intermediari, dice, non avrebbe ottenuto più di 5,00 R$.

Questo evento è stato particolarmente prezioso per la raccolta di dati sulla Fazenda Akolá ed è stato anche la fonte per le tabelle e i grafici presentati di seguito.[18]

La Tabella 4 mostra l'uso del suolo e gli aspetti agricoli e il Grafico 2 mostra la quantità di macchinari o attrezzi presenti nella Fazenda Akolá.

Tabella 4 - Uso del suolo

Aratura	Area (ha)	Produttività kg/ha	Numero di produttori
Caffè	2,42	1.200	03
Mais	80,0	7.000	30
Cassava	150,0	18.000	42
Cará	170,0	18.500	42
Verdure	8,0	20.000	03
Foresta vergine	152		42
Pascolo	4,33	06 teste	06
Strade e sentieri	2,01	-	-
Altro	12,3		
Patate dolci	121,0	20.000	40

Fonte: EMATER - Londrina. Dicembre 2009.

Analizzando la tabella precedente, possiamo notare che le colture di scala, come il mais, sono poco significative nella produzione degli agricoltori di Akolá. La spiegazione sta nel fatto che la superficie utile di ogni appezzamento è limitata - solo 7,26 ettari. Un altro fattore che rende impraticabile la coltivazione su larga scala è l'elevato investimento richiesto per la produzione e la bassa redditività, poiché una coltura estensiva come i cereali sarà altamente redditizia solo se prodotta su larga scala.

La tabella 5 mostra la produttività del mais in Brasile, Paraná, Londrina e Fazenda Akolá. Dalla tabella si evince che, anche con una superficie più piccola, la produttività dell'azienda agricola è elevata rispetto a quella nazionale, statale

[18] I dati sono stati gentilmente forniti dal tecnico di EMATER - Londrina responsabile dell'evento.

e comunale.

Nonostante questo differenziale, in termini di produttività, non è sufficiente a garantire il reddito necessario per pagare il debito e le altre esigenze ricreative della famiglia. Tuttavia, questi dati ci portano a interrogarci sull'indice di produttività nazionale, che dovrebbe essere aggiornato periodicamente, in conformità con la legge 8.629 del 25 febbraio 1993, come modo per garantire il rispetto della funzione sociale della proprietà. Tuttavia, solo nel 2005 l'MDA, insieme all'INCRA, ha inviato la prima proposta di ordinanza per aggiornare gli indici di produttività.

Così, secondo Paulino (2009b):

> Sebbene ciò sia avvenuto nell'aprile 2005, il risultato concreto è stata l'articolazione del settore rurale all'interno del governo stesso, impedendo l'emanazione del decreto. Il Ministro dell'Agricoltura, dell'Allevamento e dell'Approvvigionamento di quell'amministrazione, Roberto Rodrigues, si è fatto portavoce e difensore del settore, creando una coalizione di forze che finora ha impedito l'aggiornamento degli indici. Questa è la prova più evidente che, in Brasile, le terre circondate da grandi proprietà non svolgono la loro funzione sociale, anche se al loro interno esiste un segmento di aziende agroalimentari efficienti e competitive. Tuttavia, non è certo significativo tra le grandi proprietà, perché se lo fosse non ci sarebbero ostacoli alla revisione degli indici.

Gli indici attualmente utilizzati risalgono al 1980 e si basano su indicatori di produttività delle colture, del livello tecnico dell'agricoltura e del bestiame per ettaro, secondo i dati del censimento agricolo del 1975, dati che furono utilizzati per attuare il Primo Piano Nazionale di Riforma Agraria durante il governo di José Sarney.

La proposta per il nuovo calcolo, presentata nel 2005 e intensamente discussa dal caucus rurale del Congresso Nazionale, che difende i propri interessi e quelli di coloro che mantengono il controllo delle proprietà improduttive, crea indici che variano da regione a regione e da coltura a coltura. In media, la nuova proposta aumenta l'attuale indice di produttività del 100%; tuttavia, poiché gli indici attuali sono stati superati da tempo e l'aumento della produttività agricola è dovuto alle nuove tecnologie e tecniche, meno del 7% delle proprietà rurali brasiliane verrebbe colpito, nel Paraná circa il 2%.

Nell'agosto 2009, il presidente Luiz Inácio Lula da Silva aveva fissato un termine di 15 giorni per la pubblicazione di un decreto interministeriale di revisione degli indici, ma ancora una volta le pressioni del caucus rurale hanno bloccato il decreto.

Secondo Sciarra (2010):

> Per fare pressione sul governo e indurlo a fare marcia indietro, i ruralisti hanno approvato alla Camera e al Senato delle proposte di legge che

avrebbero tolto all'esecutivo il potere di rivedere gli indici. Nonostante ciò, il team tecnico del governo ha ritenuto l'aggiornamento abbastanza ragionevole, perché sarebbe stato limitato a pochi comuni del Paese. Nella media generale per le principali colture, il 90% dei comuni avrebbe nuovi indici inferiori o uguali alle medie storiche calcolate dall'IBGE negli ultimi dieci anni. La proposta del gruppo di lavoro dei Ministeri dell'Agricoltura e dello Sviluppo Agrario modificherebbe le aliquote minime solo in 369 dei 4.842 comuni in cui si produce soia nel Paese. In altre parole, cambierebbe i requisiti solo nel 7,6% di questi comuni. La proposta includerebbe solo l'1,2% dei 5.512 comuni produttori di mais (640), l'11% delle 4.442 località produttrici di arance (488) e il 2,7% della canna da zucchero (146). Il filtraggio effettuato dal governo ha preso in considerazione la produttività media dell'IBGE.

Tabella 5 - Produttività - Mais

Posizione	Anno	Area (ha)	Produzione (tonnellate)	Produttività (kg/ha)
Brasile	2007/2008	14.444.582	58.933.347	4.080
Paraná	2007/2008	2.972.248	15.602.601	5.249
Londra	2007/2008	6.000	47.520	7.920
Fattoria Akolá		80	-	7.000

Fonte: SEAB - DERAL/IBGE (2010) organizzato dall'autore

Sebbene l'indice di produttività del mais della Fazenda Akolá sia superiore a quello del Paraná e del Brasile, come mostrato nella Tabella 5, la produzione di mais per la vendita non è fattibile su piccole superfici, come si vedrà più avanti quando si analizzeranno i costi di produzione e commercializzazione.

Il costo stimato della produzione di mais nell'agosto 2010, secondo i dati di DERAL e SEAB, è di circa 20,00 reais per sacco da 60 kg. Tuttavia, il prezzo pagato ai produttori per un sacco di mais il 27 agosto 2010, secondo il Sistema Informativo del Mercato Agricolo (SIMA) del SEAB/DERAL, era di 15,26 reais per Londrina, quindi il prezzo di vendita del prodotto non copre i costi di produzione.

[19]I costi elevati della produzione di mais sono legati alle spese per i fertilizzanti, circa 327,50 reais per ettaro, ai pesticidi (33,54 reais per ettaro) e alle sementi (154,62 reais per ettaro). Questo dato converge con la scommessa sui transgenici. L'utilizzo di sementi geneticamente modificate, in particolare del mais, ha lo scopo di ridurre il costo dei pesticidi, poiché le varietà di sementi transgeniche prodotte e commercializzate in Brasile sono resistenti agli insetti. Pertanto, non si deve dedurre che la produttività nelle aree con mais transgenico sia superiore a quella delle aree con piante convenzionali, ma si suppone che ci sia una riduzione dei costi dei pesticidi.

Anche l'elevato potenziale produttivo delle varietà di sementi e degli

[19] Costo stimato della produzione di mais nel maggio 2010, a cura di SEAB-DERAL.

ibridi richiede un uso intensivo di pesticidi e fertilizzanti nel ciclo produttivo, con conseguenti investimenti elevati.

Paulino (2009b) osserva che "più gli agricoltori sono economicamente vulnerabili, più bassi saranno in proporzione i loro raccolti, anche se acquistano le sementi migliori".

Pertanto, l'uso di sementi transgeniche come alternativa agli alti costi di produzione del mais non è in linea con la realtà dei produttori intervistati, poiché il prezzo medio delle sementi transgeniche è di 380,00 R$ e quello delle sementi convenzionali si aggira tra i 70,00 e i 200,00 R$.

Va inoltre segnalato che la Fazenda Akolá ha un progetto universitario di ricerca e divulgazione sulla produzione, conservazione e miglioramento genetico delle proprie sementi, in particolare del mais. Istituito nel 2006, coinvolge tre docenti dell'Università Statale di Londrina, rispettivamente del Dipartimento di Geoscienze e del Dipartimento di Biologia Generale, e un operatore di divulgazione di EMATER.

Secondo Paulino (2009b):

> Il principio che ha guidato questo esperimento è la possibilità di coniugare la tradizione con le conoscenze scientifiche più avanzate, come nel caso del progetto semi. Come sappiamo, l'accesso ai semi è uno dei patrimoni inalienabili dell'umanità, che per millenni li ha selezionati e conservati in vista dei raccolti successivi. [...] Sappiamo che gli agricoltori hanno smesso di produrre le proprie sementi quando hanno capito che non erano più competitive con quelle commerciali. [...] In breve, il progetto lavora per formare gli agricoltori alla produzione e al miglioramento genetico partecipativo delle proprie sementi, rendendolo compatibile con i loro sistemi di produzione e con le risorse disponibili nella proprietà, cercando allo stesso tempo di recuperare conoscenze, tradizioni e competenze che sono andate parzialmente o totalmente perdute dopo l'emergere delle aziende sementiere.

Per quanto riguarda questo progetto, vorremmo sottolineare che solo pochi agricoltori hanno aderito alla proposta, in particolare quelli che hanno bisogno di mais per il proprio consumo, poiché la superficie disponibile non consente una produzione su larga scala di questo cereale.

In effetti, è proprio questa situazione materiale, cioè la dimensione degli appezzamenti, che contribuisce a comprendere i dati presentati nel grafico 3, dove si nota che il numero di trattori è relativamente basso, mentre la trazione animale è presente in quasi tutti gli appezzamenti.

Il grafico 3 mostra che tutti i produttori dispongono di attrezzi generici, come una zappa, una seminatrice manuale e strumenti di base per la produzione della terra. Si nota anche che oltre il 90% dei produttori dispone di trazione animale.

[20][21]Il numero di trattori, come già detto, è basso e il 20% di essi è stato acquistato attraverso il programma del governo dello Stato di Paraná chiamato Trator Solidário (Trattore Solidale), che consente agli agricoltori, a condizione che "beneficino" dei PRONAF C, D ed E, di acquistare trattori da 50 CV per 40.100,00 R$ e da 75 CV, sempre per 47.250,00 R$, oltre a nuovi attrezzi e attrezzature agricole. Sebbene questo programma sembri facile, è limitato ad alcuni agricoltori e non riesce a beneficiare molti altri che non soddisfano i requisiti del PRONAF C, D ed E, come mostrato nella Tabella 6 qui sotto.

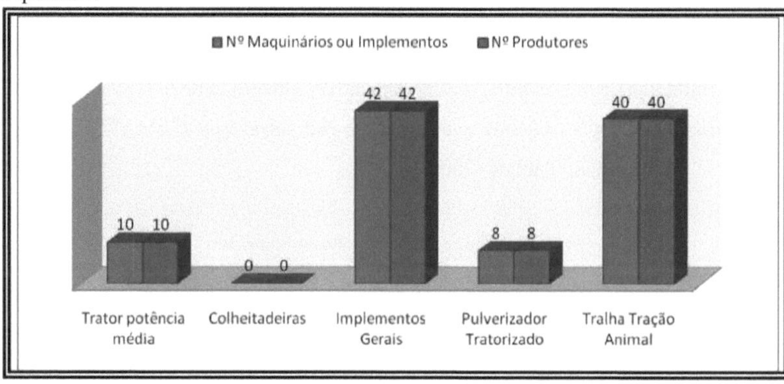

Grafico 3 - Azienda agricola Akolá - Macchine e attrezzi
Fonte: EMATER - Londrina. Dicembre (2009).

Grafico 6 - Quadro e criteri del PRONAF

QUADRO	CRITERI
GRUPPO "A"	- Coloni della Riforma Agraria e beneficiari del Credito Fondiario - reinsediati in seguito alla costruzione della diga, con una superficie fino a 1 modulo fiscale e un reddito annuo lordo fino a 14.000,00 R$.
GRUPPO "B"	- fino a 4 moduli fiscali. - almeno il 30% del reddito familiare proveniente da attività agricole e non agricole nello stabilimento. - reddito annuo lordo fino a 4.000,00 R$.
GRUPPO "A/C"	- Coloni della Riforma Agraria e beneficiari del Credito Fondiario che hanno già contratto un credito attraverso il Gruppo "A" e non hanno finanziato attraverso altri gruppi.
Agricoltori familiari con: [lt](ex Gruppi C", "D" ed "E")	- fino a 4 moduli fiscali. - almeno il 70% del reddito familiare proviene da attività agricole e non agricole nello stabilimento. - preponderante manodopera familiare, ammettendo l'assunzione occasionale di manodopera salariata, potendo mantenere fino a 2 dipendenti fissi

[20] Associazione di pianificazione agricola del Paraná (APEPA)
[21] Associazione di pianificazione agricola del Paraná (APEPA)

	- reddito lordo annuale da R$ 4.000,00 a RS 110.000,00
Nota 1:	Anche le famiglie con un reddito lordo annuo fino a 110.000,00 reais e un massimo di due dipendenti a tempo indeterminato sono beneficiarie e si qualificano come agricoltori familiari Pronaf.
Nota 2:	Ai fini del quadro normativo, sarà dedotto dal reddito annuo lordo: - 50%: allevamento di pollame non integrato, allevamento di ovini e caprini, allevamento di bestiame da latte, piscicoltura, sericoltura, frutticoltura e allevamento di suini non integrato: - 70%: turismo rurale, agroindustria familiare, olivicoltura e floricoltura; - 90%: allevamento di pollame e suini integrato o in partnership con l'agroindustria.

Fonte: <http://www.deser.org.br/boletins/Pronaf.pdf>. Accesso: 25 giugno 2010.

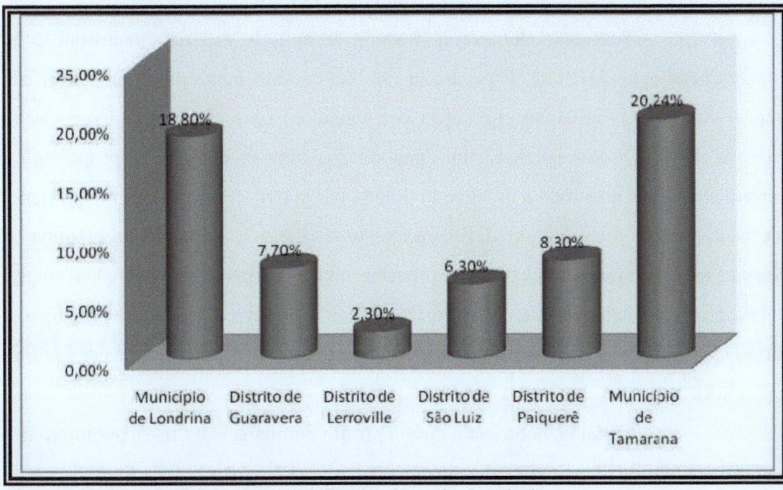

Grafico 4 - Origine dei produttori dell'azienda agricola Akolá
Fonte: EMATER - Londrina. Dicembre 2009.

Il grafico 4 mostra la provenienza delle famiglie della Fazenda Akolá. Come possiamo vedere, la maggior parte di esse proviene da zone non lontane dalla fattoria, in particolare dal comune di Londrina. Tuttavia, se ci concentriamo sull'origine, nelle interviste condotte nella fattoria abbiamo scoperto che alcune famiglie provengono da altri Stati come Bahia, Mato Grosso e Mato Grosso do Sul; tuttavia, erano già migrate nello Stato del Paraná prima di aderire al Programma Banco da Terra e in tutti gli appezzamenti che abbiamo visitato le famiglie erano di origine rurale. Questo dimostra che il contadino brasiliano "vuole entrare nella terra", come ha dimostrato Martins (1984, p. 16), e che è un contadino che, "quando viene espulso, spesso ritorna alla terra, anche se è una terra lontana da quella che ha lasciato. Il nostro contadino si costituisce con l'espansione capitalista, come prodotto delle contraddizioni di questa espansione".

Quando si chiedeva loro perché fossero emigrati, la risposta era unanime: lavoro salariato o collaborazioni infruttuose, guadagni esigui, condizioni sociali modeste e il sogno di conquistare una terra di lavoro.

La popolazione di Fazenda Akolá è composta prevalentemente da giovani. Circa il 70% della popolazione ha un'età compresa tra i 10 e i 19 anni. Secondo i dati di EMATER (2009), il 47% dei proprietari di appezzamenti crede che i propri figli continueranno a lavorare nella fattoria e solo il 25% crede che i propri figli non troveranno una fonte di sostentamento nella fattoria, ma in città.

Tuttavia, queste cifre potrebbero non corrispondere alla realtà dell'universo intervistato, nonostante l'aspirazione degli agricoltori a mantenere i propri figli sulla terra, la limitazione della terra è un fattore determinante.

Possiamo elencare il numero di figli, le piccole dimensioni degli appezzamenti e la difficoltà di pagare le rate del prestito come probabili fattori che impediscono la riproduzione prolungata dei contadini, cosa che non è diversa nella Fazenda Akolá. Di conseguenza, molti genitori contadini incoraggiano i propri figli a cercare altre terre, aderendo a movimenti di lotta per la terra (cosa che qui non avviene) o venendo inseriti in programmi di finanziamento fondiario. È il caso del Programma La Nostra Prima Terra, una linea di credito speciale creata dal governo federale nell'ambito del Programma Nazionale di Credito Fondiario, con l'obiettivo di finanziare l'acquisto di proprietà rurali per giovani senza terra di età compresa tra i 18 e i 24 anni e per i figli di agricoltori.

Tuttavia, nonostante questo profilo familiare, che finisce per interferire con la disponibilità di manodopera, una delle colture più importanti della Fazenda Akolá è l'olericoltura. Secondo Filgueira (2000, p. 16):

> La caratteristica più generale e sorprendente dell'olericoltura è che si tratta di un'attività agroeconomica altamente intensiva, nei suoi aspetti più vari, a differenza di altre attività agricole estensive, come la produzione di cereali. Ciò significa che il suolo di un appezzamento di terreno viene utilizzato in modo continuo, con diversi cicli colturali che si sviluppano in sequenza.

Le attività di campo si svolgono durante tutto l'anno, ma allo stesso tempo richiedono un elevato investimento per ettaro coltivato, in termini fisici ed economici. D'altra parte, l'olericoltura consente di ottenere un'elevata produzione fisica e un elevato reddito per ettaro coltivato e per ettaro/anno (FILGUEIRA, 2000, p. 16).

Tuttavia, dobbiamo considerare che l'olivicoltura è un'attività ad alto rischio per i produttori rurali, rispetto ad altre opzioni agricole, a causa della maggiore presenza di problemi fitosanitari (malattie e parassiti), della maggiore sensibilità alle condizioni climatiche e dell'instabilità dei prezzi di commercializzazione.

In generale, il ciclo delle colture di olivo è breve e lo stesso appezzamento può essere utilizzato durante l'anno per tre "pomodori trapiantati, o sei colture di lattuga propagate da piantine, o anche 12 semine di ravanello" (FILGUEIRA, 2000, p. 17). Ottenere più di un raccolto ogni anno significa che i rendimenti fisici ed economici della coltivazione dell'olivo sono elevati. La scelta di coltivare l'olivo si identifica anche con l'estensione dell'area occupata, ma utilizzata in modo intensivo, sia nello spazio che nel tempo.

Queste possibilità, unite alle caratteristiche economiche e geografiche, hanno guidato la scelta dell'olericoltura come sistema di produzione della Fazenda Akolá e di altri progetti del Banco da Terra studiati nelle regioni di Londrina e Tamarana.

Alla Fazenda Akolá, il 99% delle famiglie intervistate produce ortaggi per la vendita. Tra le varietà coltivate dai contadini della fattoria, vale la pena di citare igname, manioca, patate dolci, melanzane e carote, come si può vedere nella Tabella 4 e nelle foto sottostanti.

Ignami, melanzane e patate dolci sono le colture preferite in estate, mentre carote e manioca sono coltivate durante tutto l'anno. In questo modo, questi agricoltori sono in grado di produrre colture diversificate durante tutto l'anno, a patto che non si verifichino carenze nei raccolti. Un altro fattore importante per la produttività di queste colture è la fertilità del suolo. Nella foto qui sotto (Foto 2), si può notare il colore rossastro del terreno strutturato di colore viola.

Foto 2 - Piantagione di melanzane in una delle parcelle A, B, C.
Fonte: EMATER - Londrina. Dicembre 2009.

Per quanto riguarda in particolare le carote coltivate nella fattoria

Akolá, occorre sottolineare le condizioni morfologiche favorevoli alla loro coltivazione. Come mostrato nella foto 3, nella disposizione degli appezzamenti si può notare la semina del mais verde situata nella parte più bassa della fattoria, dove si nota un rilievo con poca pendenza.

Foto 3 - Vista della piantagione dalla parcella A.
Fonte: EMATER - Londrina. Dicembre 2009.

In questa foto si può notare che la topografia della Fazenda Akolá è più piatta rispetto a quella della rivegetazione in cui si trovano gli altri Gruppi studiati.

[22]Colture come l'igname, la patata dolce e la manioca sono molto coltivate da questi contadini e possiamo azzardare a dire che c'è una certa specializzazione nella loro produzione, dal momento che la maggior parte degli appezzamenti della fattoria li ha come principale fonte di reddito. Come si può vedere nella foto 4, la scelta di coltivare l'igname, così come la patata dolce e la manioca, è stata motivata dall'alta produttività di queste colture, dovuta non solo alle dimensioni della superficie piantata, ma anche perché è una caratteristica di queste colture, nonché dalla notevole facilità con cui possono essere immesse sul mercato, considerando sia l'intermediario che la commercializzazione attraverso l'Associazione o il CEASA Londrina. Sia per i "boxistas" del CEASA che per l'Associazione degli orticoltori del Nord Paraná (APRONOR)

[22] Ad eccezione del produttore O., che affitta il suo appezzamento a un produttore di medie dimensioni vicino a Fazenda Akolá per la produzione di soia.

Foto 4 - Piantagione di Cará in uno degli appezzamenti della Fazenda Akolá

Fonte: Lavoro sul campo dell'autore. Dicembre 2008.

Ci sono produttori che consegnano i loro prodotti a intermediari che vendono direttamente al CEASA di San Paolo, e altri che raccolgono i loro prodotti e li vendono attraverso l'Associazione dei produttori agricoli di Akolá. Coloro che scelgono questa via di consegna ottengono un prezzo migliore per i loro prodotti, come ha sottolineato Mrtvi (2009, p. 1). Anche le carote, le patate dolci, le melanzane e la manioca vengono commercializzate attraverso intermediari oppure i produttori le inviano al CEASA di Londrina.

Oltre alle colture sopra menzionate, nella Fazenda Akolá sono presenti altre colture minori, come arance e ortaggi come lattuga e cavoli, che sono stati introdotti in alcuni appezzamenti dei produttori. Alcuni appezzamenti producono anche aglio, peperoncini, prezzemolo, cipolline, arance, cipolle, menta, rosmarino e basilico per l'autoconsumo.

Oltre alla produzione agricola, che il programma dovrebbe rafforzare grazie all'accesso dei lavoratori alla terra, nella fattoria ci sono produttori impegnati in altre attività, come il lotto T., il cui obiettivo è costruire un villaggio di pescatori e un ristorante rurale, insieme all'area utilizzata per la produzione di tè e a quella già disponibile per un poligono di tiro, cambiando così la propria attività in turismo rurale.

Va detto che alcuni dei produttori di Akolá fanno parte del Programma di Acquisizione Alimentare (PAA), un programma del governo federale che mira ad acquistare cibo dagli agricoltori familiari (che sono membri della Cooperativa di Agricoltura Familiare (COAFAS) e soddisfano i requisiti del PRONAF) per distribuirlo alle organizzazioni che servono le persone in situazioni di insicurezza alimentare.

Il programma acquista alimenti, senza bandi di gara, a prezzi di riferimento che non possono essere superiori o inferiori a quelli praticati nei mercati regionali, fino a un limite di 3.500,00 reais all'anno per agricoltore familiare. Tuttavia, il numero di agricoltori inclusi in questo programma è ancora molto ridotto. Secondo Guilherme Casanova Jr. (2009, s/p.), direttore delle forniture del Dipartimento municipale dell'Agricoltura, ci sono solo 44 agricoltori associati, che servono 38 entità nel comune di Londrina, con 25 tonnellate di alimenti.

Sebbene il PAA sia una politica pubblica istituita nel 2003, il programma procede a rilento. Secondo Casanova JR. (2009, s/p.), "il programma federale di acquisizione di alimenti è in fase di attuazione dalla precedente amministrazione. Problemi di documentazione hanno ritardato questo processo, che ora è stato avviato dal sindaco Barbosa Neto".

Anche se la produzione specializzata di ortaggi è notevole, al momento del nostro lavoro sul campo c'erano due appezzamenti della Fazenda Akolá che avevano iniziato a produrre tabacco per l'azienda brasiliana Souza Cruz. Al momento della nostra ricerca, questi produttori stavano iniziando a essiccare le foglie del primo raccolto di tabacco ed erano fiduciosi che questa produzione avrebbe portato loro un reddito superiore a quello delle colture che normalmente coltivavano.

Vale la pena ricordare che questi produttori hanno condizioni di produzione diverse, in quanto sono presenti nell'azienda agricola dall'inizio del programma e non sono mai stati campeggiatori o coloni nei programmi di riforma agraria dell'INCRA.

Si tratta di produttori che non dispongono di tutte le attrezzature necessarie per un'attività intensiva e diversificata, per cui devono pagare per l'uso di alcune delle attrezzature utilizzate nella produzione, come i trattori. A causa della distanza tra l'azienda agricola e la Stazione Centrale di Approvvigionamento (CEASA) di Londrina e spesso della mancanza e del costo elevato del trasporto del raccolto, non è raro che i produttori che si trovano nella stessa situazione siano costretti a cedere i loro prodotti a intermediari, riducendo notevolmente il reddito del lavoro contadino.

Sebbene oltre l'80% degli intervistati possieda veicoli propri, come automobili e furgoni, spesso hanno più di 15 anni e sono in cattive condizioni; pertanto, secondo gli agricoltori, non sono un veicolo per il trasporto dei propri prodotti. A ciò si aggiunge il costo del carburante e delle tariffe applicate per le operazioni all'interno del CEASA, spesso sproporzionato rispetto ai guadagni lordi dell'attività, che li costringe a cercare altre strategie, tra cui la coltivazione del tabacco.

Sui suddetti appezzamenti, i produttori ricorrono anche al credito agricolo, il Programma Nazionale di Rafforzamento dell'Agricoltura Familiare (PRONAF), per poter finanziare le loro coltivazioni.

Prima di aderire al programma del Banco da Terra, questi produttori erano già coinvolti in attività agricole, ma non possedevano la terra; uno era un lavoratore dipendente in una proprietà che produceva mais e cotone nel comune di Londrina. Anche l'altro ha una tradizione agricola, ma non era un dipendente. Viveva nella fattoria del padre nel comune di Assaí - PR, dove si producevano cotone, soia e grano.

Quando è stato chiesto loro perché avessero scelto di coltivare il tabacco, i coltivatori hanno sostenuto che questa sarebbe stata l'alternativa migliore per pagare le rate del prestito fondiario, circa 5.100 reais all'anno. L'azienda a cui inviano i loro prodotti, la Souza Cruz, sarebbe responsabile dei costi relativi alla fase iniziale della coltivazione (piantine, concime, fertilizzanti, pesticidi in generale) e dell'acquisto dei prodotti.

Un agricoltore ci ha raccontato di aver destinato parte del suo appezzamento alla produzione di tabacco dopo le successive perdite di colture orticole avvenute dopo il 2006. Ciò era dovuto alla dispersione dell'erbicida 2,4D, utilizzato dagli affittuari della Fazenda São João, nel comune di Pitangueiras, situato a 86,5 chilometri dal distretto di São Luiz. Utilizzando un aereo, questi produttori hanno spruzzato l'agrochimico sulla coltura, che ha portato alla sua dispersione diffusa, causando danni in un raggio di 100 km.

[23]Secondo il foglietto illustrativo del prodotto commercializzato da Nortox S.A., si tratta di un erbicida selettivo da utilizzare per il controllo delle infestanti in grano, mais, soia, riso, avena, sorgo, canna da zucchero, caffè e pascoli di brachiaria. Tuttavia, gli ortaggi sono sensibili a questo erbicida, causando la morte della pianta a contatto con esso.

Un'altra caratteristica del prodotto è la sua elevata mobilità, con un grande potenziale di movimento nel terreno e la possibilità di raggiungere in particolare le acque sotterranee, che lo rende un prodotto estremamente forte e pericoloso per

---

[23] 2,4 D Foglietto illustrativo dell'erbicida.

l'ambiente, secondo la classificazione tassonomica stabilita dalla legge n. 7.802 dell'11 luglio 1989.

[24]La deriva dell'erbicida nel 2006 non è stato il primo evento di questa natura. Nel 2003, alcuni appezzamenti della Fazenda Akolá sono stati colpiti dallo stesso pesticida, che all'epoca era stato utilizzato dai produttori della stessa azienda.

Dopo una visita tecnica, gli operatori di EMATER - Londrina hanno scoperto che l'erbicida 2,4D era andato alla deriva in entrambe le occasioni, causando la perdita delle colture interessate dal prodotto.

Gli agricoltori colpiti hanno presentato una denuncia al Dipartimento di Polizia Civile del Paraná, presso la Stazione di Polizia del 6° Distretto, tramite un rapporto di polizia. EMATER ha anche effettuato una perizia di stima delle perdite, che ha elencato i danni subiti dagli agricoltori. Tutto questo è sfociato in una causa legale, che si è estinta dopo che le parti hanno raggiunto un accordo per il rimborso delle perdite.

Queste situazioni, in una certa misura, hanno pesato sulla decisione di diversificare l'attività e quindi di integrarsi nella coltivazione del tabacco, così come alcune agevolazioni offerte dall'azienda, come un sussidio del 50% per l'acquisto di un computer portatile per uno dei produttori.

Un'altra agevolazione evidente è il costo della fase iniziale della coltivazione del tabacco, che non è una donazione da parte dell'azienda, in quanto questi costi saranno detratti al momento del pagamento della produzione, che deve necessariamente essere consegnata all'azienda, indipendentemente dal prezzo da pagare.

L'investimento per la produzione di 3.800 piante di tabacco è stato di circa 5.000,00 reais. Al momento del lavoro sul campo, i produttori non erano in grado di dire a quanto sarebbe stata venduta la loro produzione, poiché il prezzo varia a seconda della qualità delle foglie di tabacco. Inoltre, come già detto, erano nel bel mezzo del loro primo raccolto.

Sono state chieste alla società informazioni sul prezzo medio pagato per la produzione dei produttori integrati, ma senza successo, poiché non ha fornito alcun dato, sostenendo che le informazioni di dominio pubblico si trovavano sul suo sito web. Non ci sono indicazioni sui prezzi medi alla produzione.

In questi appezzamenti, la forza lavoro è costituita dall'intera famiglia,

---

[24] Deriva: è la deviazione della traiettoria delle gocce prodotte durante l'irrorazione rispetto al bersaglio previsto. L'area interessata può essere un'altra coltura, corsi d'acqua o qualsiasi vegetazione vicina al sito di applicazione. È lo spostamento del prodotto lontano dal bersaglio che può interessare aree più distanti. I problemi si verificano quando questo movimento colpisce una coltura sensibile al prodotto applicato (SEAB, 2010).

che lavora fino a 15 ore al giorno, secondo le informazioni raccolte sul campo. Questi produttori non coltivano solo tabacco, anche se dedicano più della metà dell'appezzamento a questa coltura. Gli appezzamenti producono anche patate dolci, igname, manioca, mais, barbabietole, zucchine e ortaggi.

Per quanto riguarda la condizione socio-economica delle famiglie della Fazenda Akolá integrate nella filiera del tabacco, possiamo dire che contrasta con quella di alcune famiglie che producono principalmente ortaggi.

In generale, le case delle famiglie di Akolá sono semplici, in muratura, alcune miste (legno e muratura), con 2 o 3 camere da letto, soggiorno, cucina e bagno. Come si può vedere nella foto qui sotto, che rappresenta il modello di casa più comune negli appezzamenti di Akolá, compresa quella dei produttori che hanno iniziato a coltivare il tabacco.

Foto 5 - Casa in uno degli appezzamenti della fattoria Akolá.
Fonte: EMATER - Londrina. Dicembre 2009.

Vale la pena notare che le case degli agricoltori che hanno aderito al Programma Banca della Terra con condizioni strutturali minime hanno già uno standard migliore, come si può vedere nelle foto 6 e 7. Le condizioni pre-insediamento identificate erano: un veicolo proprio per il trasporto della produzione, un reddito per avviare la produzione senza dover ricorrere a prestiti fondiari che si aggiungeranno ai debiti da pagare, tradizione nella produzione delle colture proposte nel progetto di fattibilità tecnica. Non possiamo inoltre trascurare la diversa dedizione alla coltivazione tra gli agricoltori.

[25]Questo è facilmente visibile nella foto 6, che mostra una delle case dei lotti A, B e C . In realtà, si tratta di tre appezzamenti di proprietà di tre fratelli che, fin dall'inizio del gruppo, si sono riuniti per produrre e vendere i loro prodotti. In questo modo, sono riusciti a raggiungere condizioni di benessere migliori rispetto agli agricoltori che vendono i loro prodotti da soli. Va notato che le case mostrate sono state costruite con il denaro ricavato dalla commercializzazione degli ortaggi prodotti negli appezzamenti.

Foto 6 - Casa sui lotti A, B, C.
Fonte: EMATER - Londrina. Dicembre 2009.

Foto 7 - Casa sui lotti A, B, C.
Fonte: EMATER - Londrina. Dicembre 2009.

Di norma, la logica produttiva della Fazenda Akolá, come degli altri Gruppi della Banca della Terra, può essere compresa alla luce del concetto di monopolizzazione del territorio

[25] Il criterio metodologico adottato è stato quello di non identificare direttamente le parcelle.

da parte del capitale (OLIVEIRA, 2002), evidenziato in modo introduttivo in precedenza. Ciò si verifica generalmente nei settori che richiedono un'intensa forza lavoro.

Nella logica della monopolizzazione del territorio da parte del capitale, da una parte c'è il contadino che mantiene il controllo della terra e, dall'altra, il capitale che

controlla la circolazione dei beni. La produzione avviene quindi all'interno di relazioni non tipicamente capitalistiche, "in cui i lavoratori non sono privati dei mezzi di produzione" (PAULINO, 2006, p. 103).

Abbiamo spiegato in precedenza che il capitalismo è ineguale e contraddittorio e quindi crea e ricrea rapporti di lavoro non capitalistici, necessari per la produzione del capitale. Pertanto, non sono solo i rapporti di lavoro tipicamente capitalistici a poter essere dominati e riprodotti dal capitale.

Secondo Oliveira (2003), quando il capitale monopolizza il territorio senza territorializzarsi, crea, ricrea e ridefinisce i rapporti di produzione contadini e familiari. Il capitale stesso crea le condizioni affinché i contadini producano materie prime per le industrie capitaliste, nello stesso momento in cui queste industrie consentono il consumo di prodotti industriali nelle campagne (fertilizzanti e pesticidi nel tabacco, mangimi nell'allevamento di pollame e maiali, per esempio). In queste condizioni, il capitale assoggetta la rendita fondiaria prodotta dai contadini alla sua logica, realizzando la metamorfosi della rendita fondiaria in capitale.

Come già detto, la classe contadina controlla sia i mezzi di produzione sia la forza lavoro. È questa specificità che la differenzia dalle altre classi e che rende i contadini parte del sistema di scambio del mercato attraverso la vendita della loro produzione e non della loro forza lavoro, come i salariati.

A questo proposito, Paulino (2006, p. 108) osserva: "[...] ciò che i contadini vendono sotto il capitalismo è il prodotto in cui è contenuto il lavoro della famiglia, una distinzione essenziale rispetto agli altri lavoratori, che hanno solo la merce della forza lavoro da vendere".

Nei rapporti di lavoro salariale, c'è un assoggettamento formale e reale del lavoro al capitale, attraverso la separazione tra il lavoratore e i mezzi di produzione. Tuttavia, nella misura in cui il contadino mantiene il controllo sui mezzi di produzione, in particolare sulla terra, e produce su di essa utilizzando il suo lavoro e quello della sua famiglia, e allo stesso tempo ha uno stretto rapporto di dipendenza dal capitale, vi è l'assoggettamento della rendita fondiaria al capitale.

MARTINS (1995) apud Paulino (2006, p. 110,) definisce:

> [...] la nozione di assoggettamento formale del lavoro al capitale è originariamente legata all'espropriazione dei lavoratori [...]. Questo assoggettamento non rappresenterebbe alcun cambiamento nel processo lavorativo. Esso continuerebbe a svolgersi esattamente come nella produzione artigianale domestica. Solo che ora l'artigiano, trasformato in operaio salariato, non lavora più per se stesso, ma per il capitalista [...]. Il passo successivo è che il capitale si impossessi non solo del risultato del lavoro, ma anche del modo di lavorare [...] nell'assoggettamento reale del lavoro al capitale, la conoscenza è limitata a un piccolo aspetto della produzione [...]. Nella misura in cui il produttore mantiene la proprietà della terra e la lavora senza ricorrere al lavoro salariato, utilizzando solo il proprio lavoro e quello della sua famiglia, nello stesso momento in cui cresce la sua dipendenza dal capitale [...] ci troviamo di fronte all'assoggettamento della rendita fondiaria al capitale (corsivo aggiunto).

La monopolizzazione del territorio da parte del capitale è utilizzata come artificio dal capitale industriale, che ha bisogno di materie prime dalla produzione agricola, ma non ha intenzione di territorializzarsi, cioè di immobilizzare una somma di denaro nell'acquisto della terra, diventando un unico agente del capitale - capitale industriale e proprietario terriero. Monopolizzando il territorio senza territorializzazione, il capitalista non possiede la terra; tuttavia, crea le condizioni per assoggettare l'agricoltura contadina alla rendita fondiaria dove apparentemente non esiste (PAULINO; ALMEIDA, 2010, p. 45).

> La monopolizzazione del territorio (monopolio della circolazione) esprime proprio questo processo di organizzazione e utilizzo del territorio da parte del capitale industriale. In questo modo, una certa parte di questo territorio viene occupata/sfruttata per la produzione di un certo prodotto agricolo da diversi produttori - per lo più piccoli e medi - che hanno, in un certo senso, perso la loro autonomia economica e sono quasi sempre diventati dipendenti dalle industrie di trasformazione, che sono quelle che rendono redditizia la produzione e non i produttori diretti, di norma (THOMAZ JR. 1988, apud PAULINO; ALMEIDA, 2010, p. 45).

Questo artificio è generalmente utilizzato nella produzione di tabacco, polli e bachi da seta; in altre parole, dalle aziende interessate alle materie prime provenienti dalla produzione agricola.

> Per le aziende è essenziale che il coltivatore di tabacco produca il proprio sostentamento. Quando diventa un coltivatore di tabacco, contraddittoriamente, deve continuare a produrre il proprio cibo. Il fatto che sia un coltivatore di tabacco non significa che non sia più un contadino. Viene pagato poco. Il prodotto del loro lavoro viene pagato poco, cioè non viene remunerato ai livelli che il prezzo del prodotto sul mercato consentirebbe, il che dimostra il processo di trasferimento del reddito dal prodotto alle imprese (ETGES, 1991, apud PAULINO; ALMEIDA, 2010, p. 45).

In questo gruppo abbiamo avuto l'opportunità di incontrare famiglie che vivono fianco a fianco in condizioni di ricreazione come famiglie contadine, famiglie che non si dedicano all'agricoltura come principale fonte di reddito, e anche famiglie che hanno estrema difficoltà a pagare il debito contratto al momento dell'acquisto della terra.

Questi sono dunque i problemi di un programma che si è concentrato solo ed esclusivamente sul finanziamento della terra, senza destinare alcun finanziamento a progetti produttivi, rendendo così impossibile, in diverse occasioni, la ricreazione delle famiglie coinvolte.

3.1.2 Re della lattuga

Il Gruppo King of Lettuce è, tra i Gruppi studiati, quello con la posizione più privilegiata, dal punto di vista degli sbocchi produttivi e dell'accesso ai beni e ai servizi urbani. Il nome stesso è indicativo della specializzazione produttiva al suo interno: la produzione di lattuga tra gli altri ortaggi. Situato nel distretto di Warta e a tre chilometri dall'area urbana del comune di Londrina, il gruppo si trova tra due importanti autostrade statali che collegano i comuni del nord del Paraná, la PR-445 e la PR-545, come si può vedere nella Figura 5. Essa mostra anche che gli appezzamenti sono situati in una regione circondata da proprietà che producono soia (in estate) e grano combinato con mais (in inverno), colture sulle quali vengono solitamente applicati pesticidi, alcuni dei quali sono incompatibili con alcuni ortaggi.

Figura 5 - Pianta del gruppo King of Lettuce.
Fonte: Google Earth, consultato il 25 ottobre 2010.

La Figura 5 mostra la vicinanza al distretto di Warta e alle autostrade statali PR-445 e PR-545. Si può anche notare che il gruppo è circondato da proprietà che producono soia (al momento in cui è stata scattata l'immagine).

La proprietà su cui si trova il Gruppo ha una superficie di 21,78 ettari, con ogni appezzamento che ha una superficie media di 3,63 ettari. Il sito ha una topografia pianeggiante, una buona fertilità, con una predominanza di terreni strutturati di colore viola, e dispone di una sorgente che ha dato origine a una diga utilizzata per irrigare parte della piantagione, come mostrato nella Foto 8.

Foto 8 - Pompa dell'acqua per l'irrigazione delle piantagioni
Fonte: Lavoro sul campo. Febbraio 2010.

Per quanto riguarda l'Area di Conservazione Permanente (APP) del Gruppo del Re della Lattuga, essa si trova proprio nell'area di captazione dell'acqua, come illustrato nella Foto 9.

Foto 9 - Vista della sponda destra del bacino e, sullo sfondo, dell'area di conservazione permanente.
Fonte: Lavoro sul campo. Febbraio 2010.

Le trattative per la costituzione del Gruppo sono iniziate nel 2000, ma il credito fondiario è stato concesso solo nel 2001. Il valore di

Il finanziamento totale del progetto è stato di 237.000,00 reais, di cui 39.500,00 reais come valore individuale del debito fondiario.

L'intero processo di organizzazione, registrazione e negoziazione è stato condotto direttamente con il Banco do Brasil. Questo dimostra un vantaggio rispetto agli altri casi studiati, e anche rispetto ai gruppi di altre regioni del Paese, perché, come già illustrato nel Capitolo 2, è raro che un'associazione raggiunga l'autonomia nella negoziazione e commercializzazione della terra.

Il credito fondiario in questo Gruppo, a differenza di altri casi studiati, è stato realizzato individualmente, quindi non esiste una garanzia comune. Un'altra caratteristica unica di questo Gruppo è che tutti i membri sono imparentati, il che ha favorito le trattative per l'attuazione, nonché la continuità del Gruppo fino all'esito descritto di seguito.

Il fatto che i "beneficiari" di questo gruppo fossero già produttori tradizionali di ortaggi, che lavoravano in questa zona come affittuari, ha fatto sì che non avessero bisogno di ricorrere ad altre linee di credito agricolo come il PRONAF, e che il loro unico debito fosse l'acquisto del terreno. Questo perché disponevano già degli strumenti necessari per la produzione e di piccoli appezzamenti di terreno nella regione di Londrina, che sono stati venduti per poter investire il denaro negli appezzamenti. Questo ha garantito un certo livello di benessere e un reddito monetario sufficiente a pagare il finanziamento degli appezzamenti.

I livelli di capitalizzazione in grado di garantire un notevole benessere alle famiglie sono stati raggiunti solo grazie all'inserimento nel progetto del Banco da Terra, poiché il possesso di una terra propria, nonostante l'onere dell'acquisto, ha permesso loro di superare la condizione di affittuari. Tuttavia, già in questo caso c'era una differenza, perché prima di aderire al progetto disponevano di condizioni strutturali minime per la loro attività ricreativa, ovvero: case, fienili, acqua corrente, furgoni, strumenti di lavoro e attrezzature per l'irrigazione.

[26]Un'indagine in loco ha rivelato che il Gruppo è dotato di tutti gli

[26] Manufatto utilizzato per piantare le piantine, simile ai nunchaku utilizzati per piantare i

attrezzi agricoli necessari per la produzione di ortaggi, come una seminatrice, un trattore, un dissodatore, un incantatore, un sistema di irrigazione (per una parte della produzione), serre, capannoni per la conservazione dei prodotti e un camion per il trasporto dei prodotti, come illustrato nella Foto 10.

Foto10 - Serra, camion e capannone di stoccaggio

Fonte: Lavoro sul campo. Febbraio 2010.

Il quadrante A mostra la serra, il quadrante B le piantine di prezzemolo. Il camion nel quadrante C è usato per trasportare i prodotti. Infine, il quadrante D mostra il capannone dove vengono conservati i prodotti.

Vale la pena notare che quando è stata scattata la foto qui sopra, le serre erano quasi vuote, poiché tutte le piantine erano state piantate.

Il Re della Lattuga era composto da sei famiglie originarie di São Carlos do Ivaí, ma che vivevano nella regione di Londrina da oltre vent'anni. Le famiglie avevano già una tradizione nell'agricoltura, più precisamente nella produzione di ortaggi, sia come piccoli proprietari che come affittuari e/o lavoratori salariati nei campi.

A causa dei significativi cambiamenti avvenuti in questo Gruppo, è opportuno dividere la nostra analisi in due parti.

All'inizio della nostra ricerca sul Gruppo, nel 2008, due famiglie non ne facevano più parte, poiché lo avevano venduto dopo aver saldato il debito per l'acquisto della terra dal Banco do Brasil. Un appezzamento è stato venduto a produttori di soia e l'altro è stato acquistato da uno dei beneficiari dello stesso Gruppo. Nella Figura 6, datata 15 maggio 2006, possiamo vedere la prima configurazione spaziale del Re della Lattuga,

---

cereali.

che è stata modificata dopo che alcune famiglie hanno lasciato il Gruppo, come discuteremo più avanti.

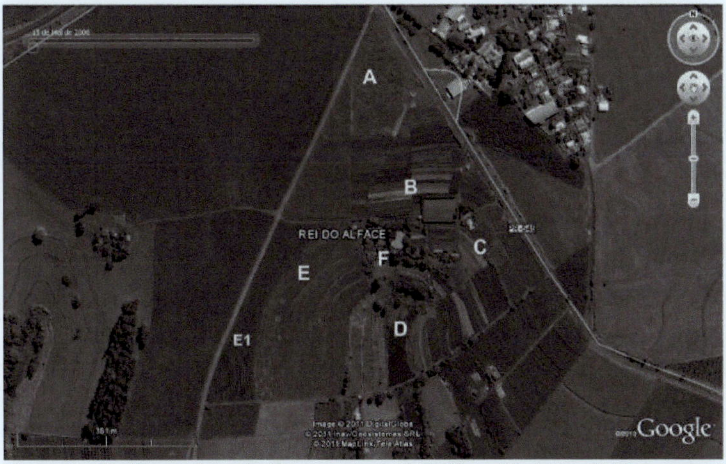

Figura 6 - Configurazione degli appezzamenti di King of Lettuce (il 15 maggio 2006)
Fonte: Google Earth, consultato il 04 apr. 2011.

Nella figura spicca l'appezzamento 1, rappresentato da A. B e C rappresentano l'area comune di produzione di ortaggi e l'area delle case degli appezzamenti 3 e 6. D. E ed E1 rappresentano rispettivamente l'area di riposo e l'area comune di produzione del caffè. La diga e l'area di conservazione permanente sono rappresentate da D. E ed E1 rappresentano rispettivamente l'area di riposo e l'area comune di produzione del caffè. L'area delle case nelle parcelle 2, 4 e 5 è rappresentata da F.

In questa immagine possiamo vedere che le aree di produzione erano comuni. Anche se le aree degli appezzamenti erano separate, tutte le colture commerciali e di autoconsumo venivano prodotte nella stessa area da tutti i membri del gruppo.

A quel tempo, gli appezzamenti combinavano la produzione per l'autoconsumo e il mercato. Negli appezzamenti si producevano in comune diverse colture, come mais, riso, fagioli, caffè e varietà di legumi, e si allevavano polli e maiali per il consumo familiare. Secondo quanto riferito dai membri del gruppo, i prodotti per l'igiene personale e la pulizia della casa venivano acquistati solo al supermercato.

La produzione di mercato era specializzata nell'olericoltura, con la produzione di lattuga, cavoli, cavolo, prezzemolo, cipollotti, broccoli, rucola e bietole per gli ipermercati, i piccoli mercati e i fruttivendoli del comune di Londrina. In questo modo, avevamo appezzamenti di terreno in cui la proprietà contadina della terra e l'agricoltura volta a soddisfare i bisogni degli individui che interagiscono nell'unità produttiva si combinavano con l'agricoltura commerciale come mezzo per fornire gli incrementi monetari necessari per acquistare i beni indispensabili alla riproduzione della famiglia.

Abbiamo quindi riscontrato l'esistenza di una logica contadina, in cui la riproduzione della famiglia avviene in due dimensioni: la produzione economica e la riproduzione sociale; in questa logica l'impresa, intesa come unità produttiva, non è meramente economica, come nella logica capitalistica della riproduzione.

A quel tempo, i patriarchi vivevano negli appezzamenti e riuscivano a permettere ai loro figli (beneficiari nello stesso gruppo) di continuare la logica contadina, in altre parole, la riproduzione allargata dei contadini.

Sebbene all'epoca vi fossero lavoratori salariati fissi impiegati negli appezzamenti, la forza lavoro predominante era quella della famiglia.

Nel 2010, quando siamo tornati sul campo per ulteriori indagini, ci siamo resi conto che altre due famiglie avevano lasciato la zona. Una è quella di uno dei patriarchi del Gruppo originario che, dopo aver saldato completamente il debito per l'acquisto della terra, l'ha venduta a uno dei suoi figli, beneficiario dello stesso Gruppo, ed è tornato nella sua città natale, São Carlos do Ivaí, dove ha acquistato una piccola proprietà in cui produce anche ortaggi che vengono venduti nei mercati aperti della città. Secondo le informazioni raccolte sul campo, ha optato per questa scelta perché può ottenere un prezzo migliore per i suoi prodotti, dal momento che il prodotto viene commercializzato direttamente al consumatore e non più ai rivenditori, come avviene per coloro che rimangono a Rei do Alface.

Anche la famiglia di un altro patriarca del gruppo originario, composta da due figli e dalla moglie, ha lasciato il Re della Lattuga dopo l'estinzione del debito. Allo stesso modo, questo appezzamento fu venduto allo stesso beneficiario che aveva acquisito la terra nelle trattative di cui sopra. Sebbene non sia stato possibile raccogliere informazioni precise sul destino di questa famiglia, sembra che la disgregazione familiare abbia impedito loro di continuare a ricrearsi come contadini.

Attualmente, a Rei do Alface sono presenti solo due famiglie del gruppo iniziale. La foto seguente (Foto 11) mostra la casa di una delle famiglie, che esprime le diverse condizioni di reddito di cui godono i produttori del Re di Lattuga rispetto agli altri beneficiari della Banca della Terra studiati.

Foto 11 - Casa sul lotto 1, situata a pochi metri dal PR545.

Fonte: Lavoro sul campo. Febbraio 2010

Vale la pena notare che, nonostante il processo di capitalizzazione realizzato con l'espansione dell'attività olivicola, la famiglia del principale gestore dell'unità Rei do Alface continua a vivere nella stessa casa, già occupata quando erano affittuari, come mostra la foto sottostante (Foto 12).

Foto 12 - Casa sul lotto 3
Fonte: Lavoro sul campo. Febbraio 2010.

La casa in questione è una vecchia abitazione, già utilizzata dai contadini quando erano ancora affittuari.

Questo testimonia il distacco dai segni della modernità e dell'ostentazione che alcuni contadini conservano, motivo per cui la logica di classe non può essere assunta sulla base di criteri puramente economici.

Per quanto riguarda la composizione delle due famiglie, una di esse è formata da quattro persone che vivono effettivamente nella terra, padre, madre e due figli. Il profilo può essere considerato giovane, poiché l'età varia dai 12 ai 38 anni. Il livello di scolarizzazione è considerato alto rispetto agli altri casi studiati, dal momento che uno dei proprietari ha completato la scuola primaria e l'altro la scuola secondaria, e i due figli in età scolare frequentano la scuola a pochi metri da dove vivono, nel quartiere di Warta.L'altra famiglia è composta da padre, madre e un figlio adolescente. I genitori hanno terminato la scuola secondaria e il figlio è regolarmente iscritto alla scuola vicino a casa loro. Nella foto qui sotto (Foto 13), si possono vedere i bambini di entrambe le famiglie.

Foto 13 - I figli dei produttori del Re della Lattuga.
Fonte: Lavoro sul campo. Febbraio 2010.

Non c'è dubbio che la composizione delle famiglie sia un fattore che le costringe ad assumere lavoratori, dal momento che l'olivicoltura è un'attività ad alta intensità di lavoro e i bambini non hanno ancora l'età per lavorare. Tuttavia, l'aumento della manodopera dipendente ha trasformato profondamente la struttura precedente del Gruppo.

In passato, quasi tutto il necessario per l'alimentazione veniva prodotto negli appezzamenti. Oggi non è più così, ad eccezione di alcuni allevamenti di maiali e polli e di una piccola area coltivata a caffè e mais. Tuttavia, non possiamo basarci su questo per indicare categoricamente una rottura del lavoro contadino che esisteva in quel luogo, perché dobbiamo considerare che la produzione destinata all'autoconsumo (riso, fagioli, mais, caffè e alcuni legumi) in quel momento era opportuna, poiché c'erano più famiglie impegnate in questa coltivazione e il costo di questa produzione era inferiore al prezzo di acquisto degli stessi prodotti industrializzati. Questa logica era già stata evidenziata da Chayanov, che indicava strategie di sostituzione della produzione per autoconsumo ogni volta che l'acquisto poteva compensare l'impegno nella produzione, senza perdite monetarie proporzionali.

Con l'uscita delle quattro famiglie che componevano il gruppo originario, l'area che era stata precedentemente destinata a queste colture è stata destinata alla coltivazione di ortaggi. Ciò è avvenuto per due motivi: da un lato, perché si è ridotto il numero dei membri, con conseguente carenza di manodopera, dall'altro perché le famiglie rimaste hanno preferito ampliare la produzione commerciale e non produrre più alcuni prodotti come il riso e i fagioli, che avrebbero avuto un costo di produzione più elevato rispetto a quelli disponibili sul mercato.

In sintesi, uno degli appezzamenti è regolarmente lavorato da tre persone, il proprietario e due lavoratori dipendenti. Nell'altro, lavorano cinque persone, tra cui il signor D, sua moglie e tre lavoratori salariati. Entrambi gli appezzamenti hanno lavoratori salariati fissi, ma solo uno ha una carta di registrazione del lavoro. Quando gli è stato chiesto perché non ha registrato gli altri dipendenti, il signor D. ci ha risposto che è difficile registrare tutti i lavoratori perché i costi sono elevati. I cambiamenti menzionati possono essere identificati nella configurazione spaziale del Gruppo oggi, come mostrato nella Figura 7.

Figura 7 - Configurazione attuale degli appezzamenti di King of Lettuce

Fonte: Google Earth. Accesso: 25 ottobre 2010.

Nella figura spicca l'appezzamento 1, rappresentato da A. B e C rappresentano l'area di produzione vegetale comunale e l'appezzamento 3, l'APP e l'area di

E e F rappresentano rispettivamente l'area comunale di produzione del caffè e l'area delle case dei lotti 2 e 4 (che non sono occupate). Infine, il poligono blu evidenzia l'area dell'appezzamento venduto ai non beneficiari del Gruppo, dove attualmente viene coltivata la soia.

Possiamo notare che dopo la partenza dei patriarchi, il gruppo ha cambiato i suoi rapporti di lavoro, perché se guardiamo a Rei do Alface, possiamo trovarvi un'unità economica contadina, non solo per la produzione commerciale combinata con quella di autoconsumo, ma anche per la forte presenza di lavoro familiare. Oggi il gruppo ha perso la caratteristica principale di un'unità economica contadina, il lavoro familiare come principale agente della produzione commerciale.

Le classi nel mondo capitalista sono definite in base all'origine del loro reddito. Ci sono i capitalisti, che si appropriano del plusvalore altrui per realizzare un profitto; i proletari, che, privati dei mezzi di produzione, hanno solo la loro forza lavoro come merce, che viene scambiata in cambio di salario; e infine i proprietari terrieri, che guadagnano l'affitto della terra. Ovviamente, si tratta di un parametro, come ha giustamente sottolineato Shanin (2008)

Se dovessimo mantenere una lettura lineare della società,

considereremmo che, poiché il lavoro salariato soppianta quello familiare, determinando che la fonte del reddito di questi beneficiari deriva dallo sfruttamento del plusvalore, li caratterizzeremmo come capitalisti. Tuttavia, non oseremo classificare questi individui, poiché sono gli stessi contadini di ieri; analizzeremo quindi il Gruppo di transizione.

Ploeg (2008) fa alcuni punti utili a questo proposito, invocando il concetto di contadino per comprendere le unità produttive, date le dinamiche interne profondamente determinate dal lavoro familiare e la sua interferenza nelle strategie economiche intraprese dai contadini.

Non si tratta di un'affermazione nuova, anche perché Chayanov (1974) ha scelto la dinamica demografica della famiglia come elemento fondante della teoria dell'equilibrio tra lavoro e consumo, in considerazione dei profondi cambiamenti che essa impone alle unità produttive a seconda dello stadio di costituzione e della fascia di età di ciascuno dei suoi membri.

Senza trascurare il contesto di riferimento dell'autore e le specificità delle unità produttive forgiate dal Programma Banco da Terra, questa variabile non può essere ignorata nelle strategie adottate, in cui la complementarietà della forza lavoro assunta non può essere misurata in termini quantitativi, date le dinamiche osservate nelle unità produttive in questione.

Non si può quindi affermare che l'attuale situazione lavorativa del Gruppo sarà perpetua, perché la situazione monetaria e la necessità di provvedere alle esigenze della famiglia non sono elementi stabili. A un certo punto, questi produttori potrebbero perdere il loro principale acquirente, che attualmente rappresenta più dell'80% della loro produzione, e dover limitare la produzione, il che significa tornare a utilizzare esclusivamente la manodopera familiare, oppure potrebbero addirittura perdere i loro mezzi di produzione e tornare a essere affittuari o lavoratori dipendenti. Oppure possono essere in grado di capitalizzare in modo tale da acquisire più terra e passare a una produzione su larga scala basata sul lavoro salariato.

Il destino di questi produttori ha infinite possibilità, e non dipende solo da loro. Nelle nostre visite sul campo al Gruppo, abbiamo potuto constatare che non hanno in programma, almeno esplicitamente, nel breve periodo, di accumulare terreni e cambiare produzione. A quanto pare, questa situazione di transizione si è verificata perché questi produttori sono riusciti a raggiungere un livello di capitalizzazione tale da non dover gravare sull'intera famiglia per portare avanti la produzione.

Quando è stato chiesto loro se avessero mai pensato di cambiare la cultura che producevano o addirittura di cambiare professione, hanno riferito di averlo fatto,

> Senti, ho passato quattro anni fuori dalla terra, sono andato nel Mato Grosso do Sul, quando ero ancora in affitto qui con mio padre, a lavorare come camionista di canne, ho anche guadagnato un po' di soldi, ma non è servito a niente. Poi sono tornato e ho deciso di fare l'affare del Banco [da Terra], e oggi siamo ancora qui. Ma, onestamente, quando c'è una crisi, penso di mollare tutto e andare a São Carlos do Ivaí [PR] per lavorare di nuovo con i camion. [27]Ci ho pensato anche oggi, perché lì non c'è quasi nulla [per piantare], ma poi penso ai bambini, a ricominciare tutto da capo, allora mi impegno un po' di più e poi va un po' meglio e andiamo avanti. (D., Grupo Rei do Alface, gennaio 2010)

Nell'affermare che la caratteristica fondamentale della classe contadina è il lavoro familiare, ci lasciamo guidare dallo studio di Chayanov (1974, p. 98) in cui l'autore afferma che, analizzando un'unità economica contadina, si scopre innanzitutto che uno dei suoi elementi organizzativi, la forza lavoro, è fisso, poiché è presente nella composizione della famiglia. Così, "[...] nell'impresa contadina di sfruttamento domestico, la forza lavoro della famiglia è qualcosa di dato e gli elementi produttivi dell'unità sono fissati in base ad essa". In questo modo, l'autore afferma che la dimensione della famiglia determina l'intensità del lavoro (autosfruttamento) e la composizione di tutti i suoi elementi.

> Non può essere aumentato o diminuito a piacimento e, poiché è soggetto alla necessità di una corretta combinazione di fattori, dobbiamo naturalmente porre gli altri fattori di produzione in un rapporto ottimale con questo elemento fisso, che pone il volume totale della nostra attività entro limiti molto ristretti (CHAYANOV, 1974, p. 98).

Nonostante i cambiamenti indicati in termini di rapporti di lavoro, la produzione continua a specializzarsi negli ortaggi, come si può vedere nella foto 11 qui sotto, che mostra la semina della lattuga, uno dei fiori all'occhiello dell'unità produttiva in questione.

---

[27] Nei primi mesi del 2010, quando è stato effettuato il lavoro sul campo, si è registrato un alto livello di precipitazioni, che ha causato molte perdite nelle piantagioni.

Foto 14 - Aiuola di lattuga. **Fonte:** Fieldwork. Febbraio (2010)

Per quanto riguarda la capitalizzazione di questi produttori, non è dovuta a un aumento del prezzo di vendita dei loro prodotti, perché questa decisione non viene presa direttamente dal produttore, ma dall'acquirente del prodotto. Ciò che è accaduto è un aumento del posizionamento dei prodotti sul mercato. Sia nei supermercati che nelle vendite locali.

A Rei do Alface, i prodotti vengono venduti in tre modi diversi: ai supermercati di Londrina, che sono il principale canale di vendita del Gruppo, responsabile dell'80% della destinazione dei prodotti; a CEASA e alle persone che si recano al Gruppo. Il valore della vendita è basso, sia per i supermercati sia per CEASA, come mostrato nella Tabella 7. Da questa tabella si evince anche che quando il produttore ha l'autonomia di commercializzare i suoi prodotti, come nelle vendite locali, i prezzi sono più equi, perché è l'agricoltore a dettare il prezzo. Tuttavia, questa modalità di commercializzazione rappresenta solo il 10% del totale commercializzato, ma il ritorno monetario è maggiore, poiché il valore è fino a quattro volte superiore.

Tabella 7 - Prezzi di produzione e commercializzazione del Re di Lattuga

Prodotto	Prezzo di produzione per unità (valore approssimativo per unità)	Prezzo di vendita (supermercati)	Prezzo di vendita (CEASA - Londrina)	Prezzo di vendita (in loco)
Lattuga	R$ 0,35	R$ 0,50	R$0,40-0,70	R$ 1,00-1,50

Bietola	R$ 0,40	R$ 0,80	-	R$ 1,50-2,00
Broccoli	R$ 0,70	R$ 1,00	-	R$ 3,00
Cavolo	R$ 0,30	R$ 0,50	R$0 ,40	R$ 1,00
Cavolfiore	R$ 0,40	R$ 0,80	-	R$ 1,00-1,50
Erba cipollina e prezzemolo	R$ 0,20	R$ 0,45	-	R$ 0,70
Cavolo	R$ 0,40	R$ 0,70	R$0 ,80	R$ 2,00
Rucola	R$ 0,30	R$ 0,80	R$1 ,00	R$ 1,50

Fonte: Produttori di King of Lettuce, intervista condotta dall'autore nel febbraio 2010.

Quando si vende ai CEASA e ai supermercati, il prezzo viene stabilito dall'acquirente e a questo punto il produttore deve sottomettersi al commercio, poiché questi prezzi non tendono a variare molto da un supermercato all'altro. Quando abbiamo chiesto ai produttori perché continuano a vendere ai supermercati, abbiamo appreso che:

> [...] Vendiamo al Supermuffato da molto tempo, da quando eravamo inquilini qui. Mio padre conosceva le persone del posto e così abbiamo iniziato a portare lì i nostri prodotti. All'inizio è stato difficile, perché dovevamo portare i prodotti lì la mattina presto, metterli sugli scaffali, tutto giusto, era molto faticoso, perché non si trattava di un solo negozio, ma di tre. Ora, dato che c'è un centro di distribuzione, li portiamo lì e il personale li mette in ordine. Così, anche se il prezzo è basso, a volte 0,17 reais per unità [valore di vendita meno valore di produzione], mi ripaga, perché so che compreranno sempre da me. Se andassi a vendere altrove, potrei essere scambiato con qualcos'altro, per questo è meglio lasciare le cose come stanno: vendiamo quasi tutto lì, ne vendiamo un po' al CEASA, quando ce n'è abbastanza, e lo vendiamo qui a casa alle persone che vengono qui. In realtà, mi piacerebbe vendere tutto qui, ma purtroppo la domanda è ancora bassa [...] (D. Rei do Alface, febbraio 2010)

Da questa affermazione si evince che, anche se il produttore guadagna poco per il suo prodotto, continua a venderlo nello stesso posto per motivi di sicurezza. La paura di non avere un posto dove vendere i propri prodotti è latente in tutti i produttori dei Gruppi studiati, poiché riconoscono il loro dovere di pagare il debito fondiario.

Il Re della Lattuga è l'eccezione alla regola del fallimento del Programma, perché solo in questo gruppo si vede che riescono a produrre per pagare il debito e provvedere alla sopravvivenza della famiglia. Tuttavia, questi produttori, come tutti gli altri studiati, sono sottoposti al capitale in tutti i settori. Che si tratti dell'acquisto di fattori produttivi per la produzione (capitale industriale), della commercializzazione a causa dei prezzi bassi (capitale commerciale) o del fatto che fanno parte di un programma di finanziamento della terra attraverso la Banca del Brasile e la Banca Mondiale (capitale finanziario), è chiaro che l'agricoltura contadina può essere analizzata solo alla luce delle contraddizioni che a volte le permettono di ricrearsi, nel qual caso si applica la politica della Banca della Terra, e a volte ne impongono la scomparsa; o attraverso l'impoverimento e la riduzione allo stato proletario, o attraverso l'arricchimento che la eleva allo stato borghese. Da qui la necessità di uscire da una lettura lineare della realtà e di prestare attenzione ai processi che caratterizzano la campagna, che sono in continuo movimento.

3.1.3 Gruppo Alto Alegre

Situato nel distretto di Lerroville, sempre nel comune di Londrina, il gruppo Alto Alegre è composto da 47 famiglie. La superficie totale è di 196,92 ettari, di cui 3,86 ettari per appezzamento.

[28]In questo gruppo, le famiglie non sono imparentate e provengono principalmente dai comuni di Londrina e Tamarana, mentre alcune provengono da villaggi rurali di questa regione. Le famiglie danno priorità alla produzione di caffè e ortaggi, combinando la produzione per la vendita e l'autoconsumo.

Va inoltre sottolineato che, a differenza degli altri progetti studiati, questo gruppo non ha avuto l'Istituto di Assistenza Tecnica ed Estensione Rurale del Paraná (EMATER) come agente di mediazione nel processo di costituzione. Il progetto tecnico-produttivo è stato realizzato dall'azienda Planejamento Agropecuário LTDA (PLANATEC) che, dopo la realizzazione dei progetti, non ha più offerto visite di assistenza tecnica né alcun aiuto per gli stessi, fatto emerso nelle interviste alle famiglie. In un colloquio con la MDA nell'agosto 2010, ci è stato detto che l'azienda, a due anni dalla costituzione del gruppo, non aveva ancora inviato le mappe definitive e i dati del rilievo topografico dell'area. Questo rivela fin da subito delle irregolarità nel modo in cui è stato condotto il progetto, perché senza questi dati non sarebbe stato possibile autorizzare la demarcazione e l'occupazione dei lotti. I lotti sono stati quindi delimitati in base ai rilievi topografici preliminari.

Va inoltre precisato che l'azienda non ha fornito alcun dato su Alto Alegre; tutti i dati che verranno presentati sono stati raccolti presso la MDA e in loco. Abbiamo cercato più volte di contattare i due tecnici responsabili del Gruppo, ma non siamo mai riusciti a parlare con loro. Abbiamo provato anche a contattare l'azienda, ma

[28] Il Programma Villaggi Rurali è stato istituito nel 1994 dal governo dello Stato del Paraná e il suo obiettivo principale, secondo Reis (1997, p.4), era "[...] aiutare le famiglie di lavoratori rurali che sono 'bóias-frias', insediandole nel loro ambiente, garantendo loro un alloggio e una terra in modo che possano uscire dalla condizione miserabile in cui vivono". Tuttavia, studi come quello di Paulino (2006) dimostrano che questi obiettivi non sono stati raggiunti.

senza successo.

Per noi è stato molto difficile intervistare alcune famiglie perché al momento delle indagini sul campo, nel febbraio 2010, nella regione studiata c'erano intense precipitazioni. A causa del terreno molto scosceso, c'erano
una frana che ha formato un burrone sulla strada che collega gli appezzamenti, che ci ha impedito di visitarli. Tuttavia, abbiamo avuto l'opportunità di parlare con alcuni dei residenti di questi appezzamenti durante l'evento tenutosi alla Fazenda Akolá nel dicembre 2009.

Questo gruppo è composto interamente da persone di mezza età (tra i 40 e i 50 anni). Tuttavia, c'è un lotto in cui i proprietari sono molto giovani, una coppia di 24 anni. Il livello di istruzione è basso, considerando che più del 50% di questa popolazione non ha completato la scuola primaria e solo il 20% ha completato la scuola secondaria. I bambini in età scolare frequentano regolarmente le scuole pubbliche di Lerroville o Tamarana.

Come già accennato, la produzione di questi appezzamenti segue il progetto di redditività tecnica o economica realizzato da PLANATEC, in cui i beneficiari avrebbero dovuto produrre caffè Arabica. Come abbiamo già detto, il progetto di fattibilità economica è concepito con l'unico obiettivo di adottare una coltura che possa essere prodotta in piccole aree e che possa generare un reddito sufficiente a ripagare il debito. Non si tiene conto del fatto che i contadini abbiano esperienza nella coltivazione di questa coltura e nemmeno che dispongano degli strumenti necessari per questa produzione.

Considerando che la produttività del caffè è biennale, il che significa che un anno c'è un buon raccolto e l'anno successivo la produzione cala notevolmente - a ciò si aggiunga che ci vogliono in media tre anni perché un albero di caffè inizi a dare frutti - la redditività economica è discutibile, ed è per questo che gli altri progetti studiati hanno privilegiato la coltivazione di ortaggi, che hanno un ritorno monetario più rapido.

Poiché la prima rata del finanziamento scadrà alla fine del 2011, anno in cui le piantagioni di caffè hanno iniziato a dare i primi frutti, sembra che il default sarà una conseguenza necessaria di questa fase del progetto, se non delle altre. La foto qui sotto illustra lo stadio di questa coltura nel Gruppo Alto Alegre.

Foto 15 - Piantagione di caffè ancora in formazione in una delle parcelle
Fonte: lavoro sul campo. Maggio 2010.

Di fronte alla mancanza di reddito fino a quel momento, e data l'indicazione tecnica per questa coltura, l'alternativa trovata da alcuni produttori è stata il lavoro accessorio, come autisti di trattori o come lavoratori salariati nelle aziende agricole della regione di Londrina e Tamarana, poiché la sola produzione di alcune colture per l'autoconsumo non permette a queste famiglie di sopravvivere. Le colture coltivate per l'autoconsumo sono manioca, mais, fagioli e ortaggi.

Quando abbiamo effettuato i nostri sopralluoghi sul campo, c'era solo un appezzamento che non seguiva il progetto tecnico, producendo commercialmente ortaggi come cavoli, lattuga, cicoria, rucola, prezzemolo e cipollotti. Si tratta di una coppia molto giovane, di soli 24 anni. Vale la pena notare che questa coppia sta cercando di riprodurre nel progetto le possibilità di svago contadino sperimentate dai loro genitori nel quartiere di Moreiras, situato nella zona rurale di Tamarana, che è una comunità di piccoli proprietari terrieri rurali che si dedicano alla coltivazione di ortaggi. Si tratta di un quartiere eminentemente contadino, con piccole proprietà, la maggior parte delle quali non supera i 3 ettari, motivo per cui l'olivicoltura è diventata una parte importante della loro vita.

come strategia ricreativa valida. L'esistenza di decine di unità di questo tipo ha reso possibile il trasporto dei prodotti a Ceasa, a Londrina, e quindi la continuazione dell'attività. Avendo esperienza nella coltivazione di ortaggi, la coppia ha scelto di non perseguire il progetto di redditività economica. Ci hanno detto che non hanno mai pensato di piantare caffè perché non avevano alcuna conoscenza di questa coltura. Inoltre, ritengono che la scelta sia stata giusta perché

> [...] mentre quelli di noi che coltivano ortaggi sono riusciti a mettere da parte un po' di soldi per pagare la banca, quelli che coltivano caffè hanno difficoltà, perché le piante sono ancora piccole. Nel momento in cui inizieranno a produrre, dovranno pagare la banca e non saranno in grado di farcela. Quando siamo arrivati qui, la gente non credeva che avremmo coltivato ortaggi e diceva che dovevamo coltivare caffè perché sarebbe stato meglio. Poiché eravamo nuovi, la gente pensava che ci saremmo spaccati la schiena. Ma grazie a Dio non è successo. Stiamo producendo, siamo riusciti a finanziare un piccolo camion per portare i nostri prodotti al CEASA e abbiamo anche affittato una parte del terreno del nostro vicino al piano di sopra per piantarne altri.

Da questa affermazione si evince che il fatto di non aver seguito il progetto di fattibilità economica non è necessariamente legato al fallimento del lotto, come invece sottolineato da alcuni tecnici e dalla stessa MDA. Possiamo dire che, in questo caso, è proprio l'aver scartato il progetto di redditività economica la ragione del successo del lotto.

Come ha detto la coppia, vendono i loro prodotti al CEASA. Oltre ai prodotti commerciali, l'appezzamento produce anche mais, manioca e fagioli, che vengono utilizzati per l'autoconsumo.

La coppia lavora in questo appezzamento insieme ad altri due lavoratori salariati, che non sono registrati. La coppia ci ha detto che loro due da soli non sarebbero in grado di produrre abbastanza per ottenere un buon reddito, perché la coltivazione delle olive è molto intensiva, il che significa che devono assumere degli aiutanti.

Questo gruppo è quello che meglio rappresenta i disallineamenti della I programmi di credito fondiario in Brasile, sia perché sono stati pianificati e portati avanti da un'azienda privata, sia perché avevano un progetto produttivo o economicamente sostenibile, concepito solo in base al reddito che la coltivazione del caffè avrebbe potuto generare, ma non tenevano conto di come queste famiglie sarebbero sopravvissute e avrebbero pagato il debito fondiario fino a quando la vendita del prodotto non avesse generato reddito. Di conseguenza, le famiglie che non erano in grado di trovare altre fonti di reddito al momento del lavoro sul campo si sono trovate nella situazione estrema di voler abbandonare il terreno, dimostrando così l'inefficienza del programma.

3.1.4 Gruppi Renascer I, Renascer II, Renascer III

Anche in presenza della resistenza contadina negli accampamenti, l'INCRA ha cessato di negoziare le aree per gli insediamenti nel 1999 (TSUKAMOTO, ASSARI, 2005), privilegiando le trattative con i programmi di credito fondiario finalizzati al finanziamento delle proprietà. È in questo contesto che possiamo comprendere l'insediamento dei Gruppi Renascer I, II e III.

Foto 16 - Campo organizzato dal MST.
Fonte: lavoro sul campo. Giugno 2010.

Vale la pena ricordare, tuttavia, che le richieste di terra non sono state soddisfatte dal programma e ne sono prova gli accampamenti che ancora esistono nella regione.

Il campo in questione si trova all'ingresso dell'insediamento di Serraria, accanto al Gruppo Esperança. Questo campo ospita 200 famiglie che sperano di essere sistemate a Londrina o a Tamarana.

Va sottolineato che gli insediamenti e i Gruppi di Banche Fondiarie sono generalmente situati in aree con suoli litici A prevalentemente eutrofici, poco sviluppati, a bassa fertilità, poco profondi, con pendenze elevate, spesso disseminati di ghiaia e frammenti di roccia e altamente suscettibili all'erosione. Vale la pena tornare alla Figura 3, che illustra meglio le condizioni pedologiche delle aree in questione.

Le proprietà situate in aree di difficile accesso, con bassa produttività del suolo e terreni accidentati, sono state negoziate dall'INCRA o dal Banco da Terra direttamente con i proprietari, secondo la testimonianza di alcuni beneficiari dei Gruppi studiati, che erano lavoratori nelle proprietà negoziate.

[29]Le caratteristiche del terreno predominante a Tamarana e l'assoggettamento dei produttori al mercato sono uno dei fattori che rendono impossibile per la maggior parte dei beneficiari dei Gruppi di Banche della Terra pagare il finanziamento della terra, i costi di produzione e il debito del PRONAF.

Molte famiglie non sono in grado di mettere a frutto i propri appezzamenti, sia per mancanza di manodopera sia per mancanza di denaro per acquistare il necessario per la produzione commerciale. Così, per non perdere la terra che molti aspettavano, molte persone vanno in cerca di lavoro, come lavoratori salariati in campagna o in città. La consideriamo una strategia di sopravvivenza contadina. In questo modo, la ricerca di un lavoro temporaneo al di fuori dell'appezzamento non indica una disintegrazione dei contadini, ma piuttosto un modo per rimanere contadini e mantenere il loro unico mezzo di produzione, la terra che lavorano.

Paulino (2006, p. 324) afferma che [...] la tesi inesorabile della proletarizzazione si perde di fronte alla vasta evidenza che questa dinamica comporta addirittura un rafforzamento della classe, determinato dall'acquisizione della terra.

Il criterio per misurare la proletarizzazione dei contadini non può basarsi sul livello di benessere in termini di volume di beni materiali, ma sul modo in cui si organizzano al loro interno. I contadini cessano di essere tali quando
perdere il controllo sui mezzi di produzione o incorporare la logica capitalistica espressa nella misurazione del profitto attraverso lo sfruttamento del lavoro (SHANIN, 2005)

Per Chayanov (1974), il fatto che i contadini cerchino un lavoro accessorio non è necessariamente una destrutturazione della classe, ma piuttosto una strategia per mantenere lo status di contadino. L'autore afferma inoltre che lo spostamento della manodopera dall'agricoltura alle attività non agricole può avvenire quando queste ultime offrono guadagni più elevati di quelle agricole.

> [...] in molte situazioni non è la mancanza di mezzi di produzione che porta a guadagnare con l'artigianato e il commercio, ma una situazione di mercato più favorevole per questo tipo di lavoro, nel senso della remunerazione che il lavoro contadino offre rispetto all'agricoltura" (CHAYANOV, 1974, p. 118).

Partendo da questo scenario comune a Tamarana, dove il lavoro accessorio è imperativo, analizzeremo i gruppi di Renascer I, Renascer II, Renascer II, Brasil ed Esperança.

---

[29] Generalizziamo il debito PRONAF, perché il 95% dei mutuatari dei Gruppi studiati ha acquisito questa linea di finanziamento, sia per i costi che per le infrastrutture e il credito.

Il gruppo Renascer I si trova nel comune di Tamarana ed è composto da 22 famiglie a cui è stata assegnata un'area totale di 100,9 ettari, con una superficie di 4,2 ettari per lotto. Il prezzo di acquisto della proprietà è stato di 599.999,83 reais, mentre il valore totale del finanziamento è stato di 758.387,33 reais. [302]Il valore del finanziamento è stato calcolato sulla base del prezzo di acquisto del terreno e delle spese e degli investimenti per la realizzazione del Gruppo, ovvero: infrastrutture di base (costruzione di 24 case in muratura di 48 m ciascuna, per un valore totale di 120 R$.000,00), un sistema di approvvigionamento idrico per il consumo umano e animale (7.600,00 R$); la creazione di una rete di elettrificazione interna (7.000,00 R$); l'apertura, la riabilitazione o la costruzione di tre strade di accesso interne (valore totale 6.187,50 R$); i costi notarili (14.000,00 R$); i costi topografici, la demarcazione dei lotti (3.600,00 R$).

Il processo di registrazione e presentazione della documentazione per il prestito è avvenuto a metà del 2003. Tuttavia, i lotti sono stati occupati solo nel marzo 2004. Questo perché il contratto di finanziamento era collettivo (garanzia in solido) e se qualcuno dei beneficiari avesse avuto debiti in sospeso con l'Agenzia Federale delle Entrate, la Centralizzazione dei Servizi Bancari o altre autorità, avrebbe dovuto pagarli.

S/A (SERASA), il Servizio di Protezione del Credito (SPC), tra gli altri, la proposta di finanziamento inviata al Banco da Brasil è tornata al sindacato. Di conseguenza, finché la situazione non è stata risolta, la proposta è stata sospesa, poiché, secondo i dettami del Programma, non è possibile sostituire i beneficiari.

Questo gruppo è nato dalla frammentazione di un gruppo di 59 persone interessate ad acquisire terreni attraverso i programmi di credito fondiario per il finanziamento delle proprietà rurali. La richiesta dell'Unione dei Lavoratori Rurali di Tamarana è stata elevata, sia da parte dei lavoratori che desideravano richiedere un finanziamento fondiario, sia da parte di coloro che erano interessati a vendere i propri terreni a Londrina e Tamarana. Questa richiesta da parte dei proprietari terrieri è giustificata, poiché il prezzo pagato in contanti dal Programma Banco da Terra era pari al 10% del valore di mercato (NABARRO, 2007).

Va notato che nessuno dei gruppi formatisi a Tamarana aveva autonomia nella scelta del luogo in cui vivere. Questo era un precetto del Banco da Terra.

Il gruppo di 59 persone ha dato vita ai Gruppi Renascer (I, II e III), con rispettivamente 24, 18 e 17 famiglie. Tuttavia, a causa della legislazione ambientale, due

---

[30] Tutti i dati sono stati ricavati dal contratto di acquisizione e finanziamento del Grupo Renascer I, disponibile presso EMATER - Tamarana.

lotti del Renascer I hanno dovuto essere convertiti in riserva legale, poiché l'area precedentemente destinata era più piccola di quanto richiesto dalla legge. Di conseguenza, due famiglie erano già vincolate da tutta la documentazione contenuta nei contratti inviati al Banco do Brasil, compreso l'atto collettivo per l'acquisto dei terreni. Così, due famiglie hanno contratto un debito di 31.600 reais ciascuna, ma per un terreno che non occuperanno mai.

La maggior parte dei residenti di questo gruppo proviene dai comuni di Londrina e Tamarana, mentre coloro che provengono da altri Stati vivono nella regione da un periodo compreso tra i 10 e i 20 anni. L'83% della popolazione di Renascer I è di origine rurale e, prima di aderire al Programma, era in affitto, lavorava nel sistema di partenariato, era un lavoratore dipendente o un campeggiatore.

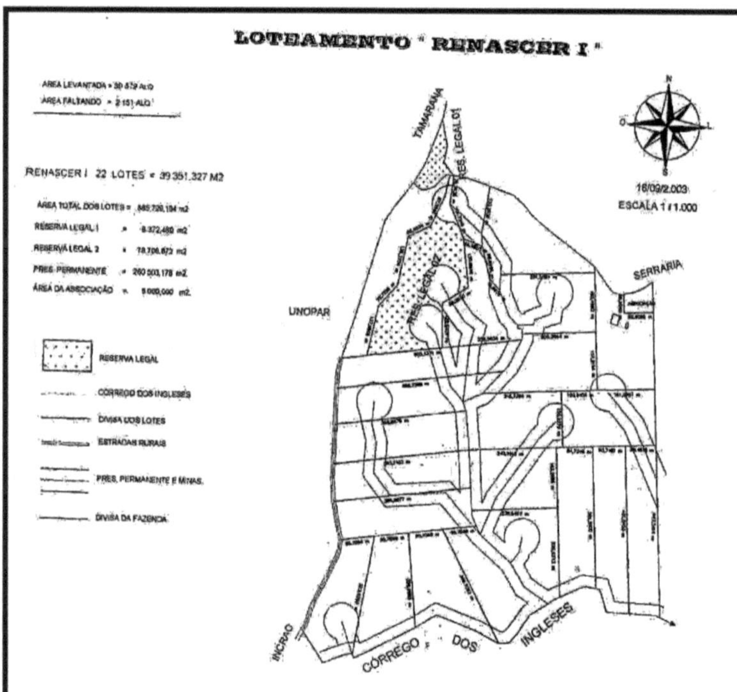

Figura 8 - Impianto Renascer Gruppo I
Fonte: Emater (2010)

[aa]Il livello di scolarizzazione è considerato basso, con il 51% della popolazione che non ha completato la scuola primaria, che va dal grado 1 al 4. L'analfabetismo è basso e riguarda le persone più anziane. L'8% e il 4% rappresentano rispettivamente la percentuale di popolazione che ha completato la scuola primaria e

secondaria; questo tipo di istruzione è più legato alla popolazione più giovane.

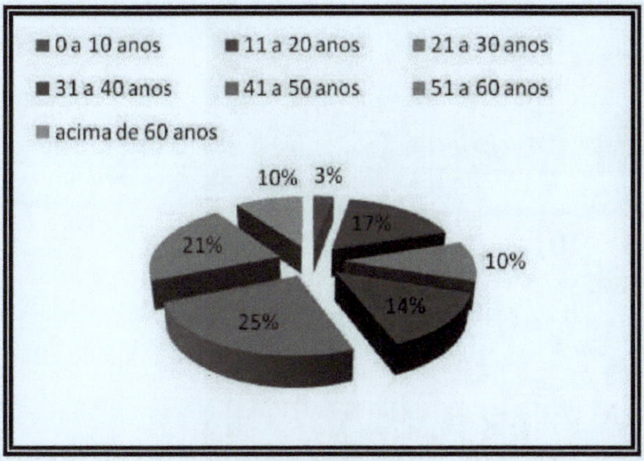

Grafico 5 - Fascia d'età - Gruppo Renascer I
Fonte: raccolta dati sul campo, giugno 2010.

La produzione agricola degli appezzamenti è orientata alla coltivazione di ortaggi, latte, caffè e anche mais, manioca e fagioli, che vengono utilizzati per l'autoconsumo delle famiglie.

La produzione di ortaggi è favorita quando si tratta di commercializzazione, in quanto il loro ciclo è generalmente breve, fornendo così volume e diversificazione del prodotto. I prodotti commerciali includono fagiolini, cetrioli, cavoli, cavolfiori e peperoncini. Tutti gli appezzamenti visitati producono mais (utilizzato quando è verde per il consumo umano e dopo l'essiccazione come mangime per animali) e allevano polli.

Nella maggior parte degli appezzamenti, l'attività predominante è l'orticoltura. Tuttavia, ci sono anche soci che si dedicano all'allevamento di bestiame da latte nel sistema cooperativo. Vendono i loro prodotti a 0,45 reais al litro e sono soggetti a questo prezzo basso perché la Cooperativa Agricola Londrina - Cativa raccoglie i prodotti dell'appezzamento. Tuttavia, i costi di mantenimento della mandria sono in costante aumento. Tuttavia, gli agricoltori devono sottostare al prezzo imposto dalla cooperativa. Proprio come nel caso dell'allevamento di bestiame da latte, lo stesso vale per l'olivicoltura, anche se l'agente che preleva il reddito degli agricoltori è l'intermediario o il CEASA. La foto qui sotto (Foto 17) mostra la diversità come strategia di autoprotezione dei contadini.

Foto 17 - Produzione di ortaggi.
Fonte: lavoro sul campo, giugno 2010.

La differenziazione espressa dalla foto è un tratto distintivo degli appezzamenti produttivi del Gruppo. Alla domanda su cosa si producesse nell'appezzamento, la signora D. e il signor E. hanno risposto,

> piantiamo e raccogliamo tutto ciò che non costa molto: mais e manioca per la casa, peperoncini, jiló, fagiolini che vendiamo. Se piantiamo qualcosa che fa guadagnare, come il caffè, non lo facciamo. Perché se non lo facciamo, avremo ancora più problemi a pagare la terra, e se avremo più PRONAF, non potremo permettercelo (sic).

Riflettendo su quanto detto dalla coppia, ci siamo resi conto di quanto fosse difficile coltivare alcune colture che avrebbero potuto generare un reddito maggiore per i residenti. Nonostante le difficoltà, questa coppia e tutte le persone intervistate sono soddisfatte del loro appezzamento. Tuttavia, una preoccupazione latente tra tutti loro è quella di pagare il debito acquisito con il sogno di lavorare la terra.Circa l'80% dei produttori di Renascer I vende i propri prodotti a intermediari. Alcuni, che possiedono un camion, portano i loro prodotti alla CEASA di Londrina, a una distanza di circa 80 chilometri. A seconda della posizione del Gruppo, come in Brasile, questa distanza supera i 100 chilometri. Ciò dimostra che spesso è più vantaggioso, contraddittoriamente, per i produttori sottostare ai bassi prezzi pagati dagli intermediari. In media, i prodotti vengono venduti a 10,00 reais a cassetta, che si tratti di jiló, fagiolini o manioca. Le verdure a foglia, come lattuga, cavoli e cavolfiori, sono vendute a un prezzo ancora più basso perché sono più deperibili. La lattuga viene venduta a 0,10 reais al pezzo, il cavolo a 0,50 reais, il cavolfiore a 0,70 reais.

È indubbio che il prezzo di vendita dei prodotti non corrisponde alla realtà del pagamento del debito fondiario. Legalmente, un prestito può essere rilasciato da un istituto finanziario solo se non compromette più del 30% del reddito del richiedente. Tuttavia, solo due gruppi, Rei do Alface e Fazenda Akolá, riescono effettivamente a saldare il debito fondiario. Ma questo non è dovuto al fatto che il prestito non compromette più del 30% del loro reddito, ma è possibile solo perché le persone di questi gruppi sono entrate nel Programma con una struttura materiale più privilegiata rispetto agli altri studiati.

Oliveira (1982) sottolinea che il reddito generato dal lavoro contadino tende a essere appropriato dal capitale finanziario attraverso i prestiti bancari, dal capitale industriale attraverso l'acquisto di fattori produttivi e strumenti di lavoro e dal capitale commerciale attraverso i bassi prezzi pagati per i suoi prodotti.

L'assoggettamento del reddito al capitale non è l'unico problema affrontato dai contadini studiati. In tutti i gruppi, i problemi sono iniziati quando sono entrati nell'appezzamento, perché quasi nessuno di loro disponeva di infrastrutture di base come case, elettricità e acqua corrente. L'importo finanziato per la costruzione delle case era di 5.500 reais per beneficiario, una cifra bassa per l'acquisto di materiali e il pagamento della manodopera. Pertanto, la costruzione delle case è stata possibile solo con l'aiuto dei residenti, come spiega il signor A..

> Quando siamo arrivati qui non c'era nulla. Tutti si preoccupavano di costruire una casa per potersi trasferire subito nel terreno. Poiché i soldi erano pochi, abbiamo comprato quasi tutto il necessario nello stesso posto per ottenere uno sconto. E poi le persone interne e i conoscenti si sono riuniti (sic) per costruire le case. Questo era l'unico modo per costruire le case in cui trasferirci.

Le pratiche di aiuto reciproco e di collaborazione non si sono verificate solo all'inizio del gruppo, ma sono ricorrenti, come nel periodo del raccolto e della semina.

Un altro problema importante è che alcune persone entrano nelle parcelle senza alcuna struttura materiale (una somma di denaro, il trasporto, gli strumenti necessari per la produzione, la conoscenza di come coltivare determinate colture). Questo rende ancora più difficile la produzione per la commercializzazione e l'autoconsumo. C'è una chiara differenza tra coloro che sono entrati nel programma con una condizione materiale migliore, perché non hanno bisogno di chiedere aiuto al PRONAF, il che rende più facile estinguere il debito.

Una lamentela costante nei gruppi è la mancanza di assistenza tecnica. L'assistenza tecnica che i produttori desiderano è individuale e costante, ma EMATER non è in grado di fornirla perché ci sono solo pochi tecnici, tre dei quali hanno sede a Tamarana per assistere circa 380 famiglie. Ci sono solo tre auto, con un chilometraggio limitato e carburante (60 litri) al mese. A causa delle grandi distanze, i tecnici non sono in grado di effettuare almeno una visita al mese in ogni parcella.

La strategia adottata dai tecnici è quella di realizzare relazioni partecipative con tutti i membri di ciascun Gruppo per sollevare le questioni più urgenti. Ma perché questo funzioni, è necessario che i beneficiari partecipino effettivamente. Un altro problema che ostacola il lavoro dei tecnici è l'alto livello di inadempienza dei gruppi, che rende impossibile individuare e regolarizzare le parcelle sostituite. Tra i gruppi analizzati, tra quelli sotto garanzia congiunta, questo tasso raggiunge quasi il 95%. Il mancato pagamento del debito fondiario deriva dal fatto che le famiglie non sono in grado di pagare il PRONAF, i costi di produzione, e hanno un'eccedenza che rende possibile questo pagamento. Il problema dell'inadempienza è forse il più evidente nei gruppi studiati, che mobilita sistematicamente i beneficiari, che individualmente o collettivamente cercano una via d'uscita, almeno temporanea. La foto 18 mostra una riunione di agricoltori, mediata da uno dei tecnici di EMATER - Tamarana.

Foto 18 - Incontro con i residenti del Grupo Renascer I
Fonte: Marcelo Campos, EMATER - Tamarana (2010)

Ci sono sempre uno o due appezzamenti nei Gruppi, soprattutto quelli situati a Tamarana, che hanno funzionato molto bene, che riescono a produrre abbastanza per pagare il debito fondiario e provvedere alla sopravvivenza e allo svago delle famiglie. Riteniamo che ciò sia dovuto al fatto che i residenti di questi appezzamenti sono già entrati nel Programma con condizioni strutturali minime, come il denaro sufficiente per non dover ricorrere ad altri crediti agricoli, oltre a quello già acquisito con l'acquisto dell'appezzamento, un'automobile, le conoscenze produttive e gli strumenti necessari per far produrre l'appezzamento. Tuttavia, solo una minoranza degli agricoltori studiati è entrata nell'appezzamento a queste condizioni. La situazione dei produttori di Renascer I non è dissimile da quella degli altri produttori studiati, come vedremo nel corso di questo studio.

I Gruppi Renascer II e Renascer III sono situati nella stessa area con un'unica sede. La ragione per cui i Gruppi sono stati separati in due associazioni di produttori distinte (Renascer II e Renascer III) è puramente burocratica, poiché una delle regole del Banco da Terra prevedeva un limite di 30 famiglie per Gruppo; gli iscritti al Programma erano 35, quindi sono stati divisi in due Gruppi, uno di 18 famiglie, Renascer II, e le restanti 17 famiglie hanno formato Renascer III. La Figura 9 illustra questo aspetto.

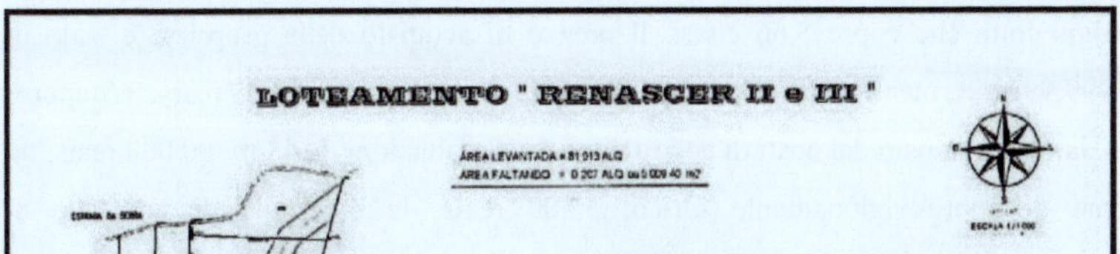

Figura 9 - Pianta dei lotti Renascer II e Renascer III
Fonte: EMATER (2010)

Ogni associazione ha il proprio presidente, vicepresidente, tesoriere e segretario. Tuttavia, le procedure delle due associazioni sono portate avanti dal presidente dell'Associazione Renascer II, che fa parte dello staff dell'Unione Rurale Tamarana e che ha redatto i documenti per la costituzione delle associazioni.

A Tamarana, il processo di iscrizione era diverso da quello previsto dalla MDA, in quanto gli interessati dovevano costituire un gruppo ed eleggere un rappresentante, che si sarebbe occupato di iscrivere gli interessati e anche di verificare il prezzo dell'area scelta per la futura installazione dei lotti. In questo caso, chi era interessato a partecipare al programma doveva inizialmente iscriversi all'Unione dei lavoratori rurali di Tamarana. Dopo l'adesione, l'Unione verificava se l'interessato rispettava le regole del Programma: essere stato un lavoratore rurale per almeno cinque degli ultimi 15 anni, non avere un patrimonio personale superiore a 30.000,00 reais, non possedere terreni o possedere terreni considerati insufficienti per la riproduzione familiare. Se questi requisiti erano soddisfatti, il sindacato rilasciava una Dichiarazione di Qualificazione. Dopodiché, le procedure erano le stesse proposte dalla MDA, illustrate nel Capitolo 2.

Renascer II è composto da 18 famiglie su un'area totale di 101,9 ettari, con ogni lotto che copre 5,66 ettari. Il prezzo di acquisto della proprietà è stato di 459.999,99 reais, mentre l'importo totale finanziato è stato di 568.779,99 reais. [2]L'importo finanziato è composto dai costi di costruzione di 18 abitazioni da 48 m, 90.000 reais, un sistema di approvvigionamento idrico, 5.500 reais, la creazione di una rete di elettrificazione interna, 7.000 reais, la costruzione di strade di accesso interne, 3.630 reais, i costi notarili, 10.500 reais e le spese topografiche, 2.700 reais.

Nel Renascer III, a 17 famiglie è stata assegnata un'area totale di 96,8 ettari, con ogni lotto che copre 5,69 ettari. Il prezzo di acquisto della proprietà è stato di 439.999,56 reais, mentre l'importo totale finanziato per la realizzazione del progetto è stato di 537.189,56 reais.

La maggior parte dei residenti dei Gruppi proviene dai comuni di Londrina e Tamarana. Quelli provenienti da altri comuni del Paraná (Apucarana, Ortigueira) e da altri Stati brasiliani (Minas Gerais, Bahia, Pernanbuco) vivono nella regione da più di 20 anni.

L'età di questi produttori varia tra i 20 e i 66 anni, con una predominanza di agricoltori tra i 30 e i 40 anni. [aa]Il livello di scolarizzazione può essere considerato basso, in quanto la maggior parte dei produttori ha completato solo la scuola primaria (gradi da 1 a 4). Prima di aderire al programma, il 70% degli agricoltori di questi gruppi viveva in campagna, come lavoratore dipendente o in società. Il 30% che viveva in città lavorava in condizioni di sottoccupazione come cameriere, facchino e svolgeva lavori occasionali, i cosiddetti "lavori saltuari", per sbarcare il lunario.

La produzione agricola di questi Gruppi comprende la coltivazione di fagiolini, cetrioli, fagioli, manioca, zenzero, melanzane, patate dolci, mais verde, caffè, eucalipto, cavoli, bietole e zucchine.

Va notato che l'area degli eucalipti è un'iniziativa degli stessi produttori per vendere il legno nella regione di Tamarana, e non c'è alcun contratto con nessuna azienda di legname, nemmeno con un grande produttore di carta. Le aree di pascolo - 38,7 ettari - sono destinate a questo scopo a causa della presenza di ripidi pendii e affioramenti rocciosi, che rendono impraticabile qualsiasi tipo di produzione. Esiste un'area boschiva di 23 ettari che non fa parte della riserva legale collettiva. Ha una pendenza molto elevata e non è adatta alle coltivazioni dei gruppi.

Gran parte della produzione viene commercializzata al CEASA tramite intermediari, il che riduce notevolmente il reddito degli agricoltori. Alcuni appezzamenti hanno un mezzo per trasportare i loro prodotti. A volte, quindi, alcuni appezzamenti riescono a combinare i loro prodotti per venderli direttamente al CEASA, ottenendo così un prezzo leggermente più alto per i loro prodotti, come mostrato nel grafico 8.

Tabella 8 - Prezzo di commercializzazione della produzione dei Gruppi Renascer II e III

Prodotti	Prezzo (direttamente da CEASA)	Prezzo (Crosser)
Bietola	R$ 13,00	R$ 8,00
Zucchina	R$ 9,00	R$ 5,00
Patate dolci	R$ 12,00	R$ 5,00
Cavolo	R$ 13,00	R$ 7,00
Mais verde	R$ 7,00	R$ 4,00
Baccelli	R$ 14,00	R$ 6,00
Cetriolo	R$ 10,00	R$ 4,00
Cassava	R$ 6,00	R$ 3,50
Zenzero	R$ 15,00	R$ 6,00

Fonte: Indagini sul campo. Giugno 2010.

Possiamo notare che i prezzi di commercializzazione per l'intermediario sono quasi la metà di quelli pagati da CEASA. Questo è spesso uno dei fattori principali che rendono impossibile il pagamento del debito fondiario.

Va notato che gli intermediari, in molti casi, sono i produttori stessi del Gruppo che, essendo in una posizione finanziaria migliore, hanno un reddito migliore.

hanno un mezzo per trasportare i loro prodotti e sono quindi in grado di ottenere un reddito più elevato, mentre fanno pagare una percentuale per il trasporto dei prodotti di altri agricoltori.

Non possiamo fare a meno di considerare situazioni in cui l'intermediario è anch'esso un beneficiario del Gruppo, ma non ha una condizione monetaria più privilegiata, bensì non è in grado di far produrre il suo appezzamento, sia per vecchiaia, sia per mancanza di risorse, sia per malattia in famiglia, ma poiché possiede un camion o un pick-up, trasporta i prodotti di altri produttori per provvedere al suo sostentamento, per cui in questo caso, a nostro avviso, l'intermediario non ha più l'immagine di qualcuno che si appropria del reddito altrui, anche se questo accade nella pratica. Questo accade con i beneficiari del Grupo Brasil, che analizzeremo più avanti.

Le difficoltà incontrate da questi gruppi, come da quasi tutti quelli studiati, sono iniziate al momento dell'adesione al programma, come nel caso di Renascer I. Hanno avuto problemi con la costruzione delle case, che in molti lotti dovevano essere costruite solo con l'importo finanziato. Poiché l'importo era basso, molte case sono rimaste incompiute, alcune sono state costruite in legno per ridurre i costi, come nel caso della casa mostrata nella foto 19 qui sotto.

Foto 19 - Alloggi precari

Fonte: Lavoro sul campo. Giugno 2010.

Questi agricoltori fanno parte di questi gruppi da sette anni e, secondo loro, la situazione è migliorata da quando sono entrati nel Programma, come si evince dalle parole del signor S. del Gruppo Renascer III,

> "Ah! fia, dì la verità, le cose sono migliorate, perché prima vivevamo in una proprietà altrui. Oggi, pur con tutte le difficoltà, pagando la terra, viviamo in quello che è nostro [...]".

Vale la pena sottolineare che il miglioramento indicato dai contadini in questi gruppi si limita all'acquisizione della terra, a vivere sull'appezzamento che, dopo il pagamento, apparterrà loro, o come dice il signor S., "ciò che ci appartiene".

Abbiamo scoperto che quando alcuni produttori del Grupo Renascer I, II e III si sono trasferiti nell'appezzamento, a causa di difficoltà finanziarie, sono andati a lavorare presso la Fazenda Escola dell'Universidade Norte do Paraná (UNOPAR), sia per la vicinanza che per la possibilità di guadagnare più rapidamente per far produrre l'appezzamento. Questi produttori ci hanno raccontato di essere andati a cercare lavoro al di fuori dell'appezzamento perché l'importo del prestito, che avrebbe dovuto essere utilizzato per costruire la casa e finanziare la prima produzione, era insufficiente. Questo è illustrato nell'intervento del signor S., di Renascer III,

> "Fino a febbraio [2010] l'appezzamento era chiuso, perché ho trovato lavoro qui all'UNOPAR, falciando i pascoli. Era registrato, avevo un reddito fisso più una percentuale sulla produzione. Sono andato a cercare lavoro lì, perché non potevo permettermi di gestire l'appezzamento. I soldi erano sufficienti solo per costruire una piccola casa con due camere da letto, un soggiorno, una cucina e un bagno. Ora inizierò a fare qualcosa, lavorerò sulla terra e pianterò caffè".

Come già detto, tutti i produttori intervistati si sentono soddisfatti dei loro appezzamenti, anche se sono molto preoccupati di saldare il debito per la terra e il PRONAF. In questi gruppi, il valore della rata annuale è di 4.000 reais (terra più PRONAF), ma quando è stato chiesto loro se sarebbero stati in grado di pagarla, tutti hanno risposto che non lo avrebbero fatto, perché con l'importo che ricevono dalla commercializzazione dei loro prodotti non avrebbero avuto il denaro necessario per saldarla.

I pochi che sono già riusciti a consolidare i loro lotti e a pagare le rate non possono farlo, perché il contratto di finanziamento è stato firmato collettivamente. Quindi, se un beneficiario non paga, non possono farlo nemmeno gli altri, che possono permetterselo, perché la Banca riceve solo l'importo totale delle rate di tutti i lotti.

Per questo motivo, il processo di individualizzazione è acclamato da coloro che vogliono estinguere il proprio debito ma non possono farlo a causa della garanzia in solido. Tuttavia, questo non è il grido di tutti, perché coloro che non sono in grado di pagare il proprio debito sono totalmente contrari all'individualizzazione. In questo modo si sentono al sicuro, perché credono che la Banca non porterà via la terra di tutti.

Queste situazioni sono indicative del fatto che le conseguenze della politica del credito fondiario non creano omogeneità tali da permetterci di affermare il suo completo fallimento dal punto di vista della ricreazione contadina, anche se questo è vero per la maggior parte dei casi, come è stato dimostrato finora.

3.1.5 Gruppo Brasile

Il Grupo Brasil è composto da 50 famiglie e si trova su una superficie totale di 681,78 ettari, con ogni lotto che ha una superficie di 13,64 ettari. Il prezzo di acquisto della proprietà è stato di 1.184.270,00 reais e l'importo totale finanziato di 1.500.000,00 reais. Anche la produzione agricola è orientata all'olericoltura. Tuttavia, a causa della presenza di un gran numero di affioramenti rocciosi nel suolo e della forte pendenza del terreno, è stata favorita la produzione lattiero-casearia. Questo Gruppo è suddiviso dai tecnici EMATER e dagli stessi residenti in Brasil de Cima e Brasil de Baixo, poiché l'area del Gruppo è tagliata da una collina, un fatto evidenziato nella Figura 10 e nella Foto 20, catturata dalla parte superiore chiamata Brasil de Cima.

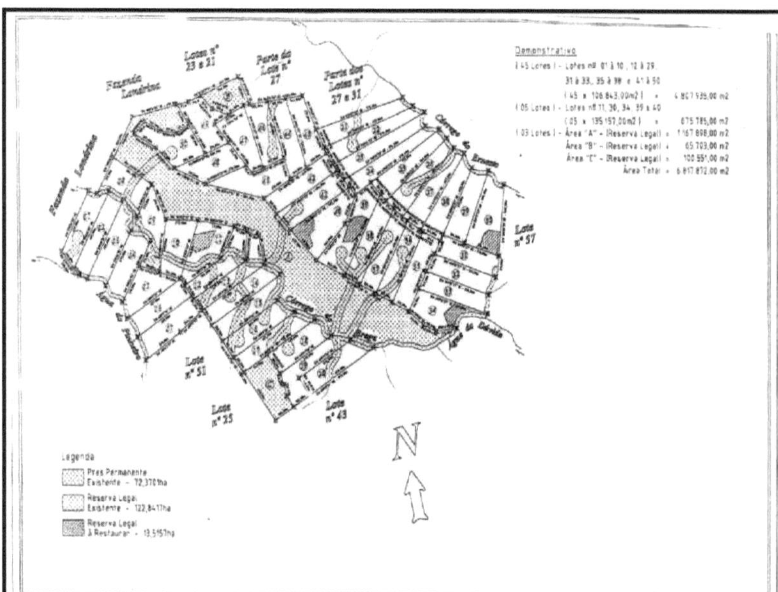

Figura 10 - Planimetria del Grupo Brasil
Fonte: EMATER (2010)

Foto 20 - Vista della collina che taglia il Grupo Brasil, nel Brasil de Cima e nel Brasil de Baixo.
Fonte: Lavoro sul campo. Luglio 2010.

Questo gruppo, insieme al Gruppo Esperança, che analizzeremo in seguito, e al Gruppo Rei do Alface, non sono stati costituiti sotto l'egida della garanzia di solidarietà, a differenza degli altri gruppi studiati. Tuttavia, il Gruppo Brasil è unico nel suo genere, in quanto è stato il proprietario della Fazenda Brasil, da cui è nato, a offrire ai suoi dipendenti la possibilità di acquistare la proprietà aderendo al Programma.

Il signor S., che all'epoca era amministratore, ci ha raccontato che

del Tesoro che,

> "Lui [il proprietario della Fazenda Brasil] è venuto a propormelo [di entrare nel Banco da Terra], io volevo già un pezzo di terra per allevare delle mucche da latte, che è quello che avevo già qui. Conoscevo alcune persone che lo volevano, e anche il sindacato ha aiutato a organizzare le persone. Volevamo solo che il terreno non fosse intestato a tutti, come se tutti avessero comprato una cosa sola. Poi, siccome ci doveva essere un garante, invece di una fideiussione in solido, c'è una fideiussione incrociata, che funziona così: io sono il garante del mio vicino e lui di un altro, ma possono essere solo persone di qui, ma non sono uguali tra loro. Se uno non paga, nessuno può pagare. Qui, se il vicino di cui sono garante non paga, la Banca [del Brasile] mi contatta per sapere se posso pagare il suo debito. [31]Se né io né lui siamo in grado di pagare, siamo "seprocado". Quindi è quasi la stessa cosa dell'altro, ma qui chi riesce a pagare non viene vincolato da chi non paga, perché in generale le persone scelgono persone che conoscono per fare da garanti".

Il fatto che i terreni finanziati dal programma fossero pagati in contanti e negoziati a prezzo di mercato ha fatto sì che molti proprietari terrieri della regione cercassero persone interessate e vendessero le loro aziende agricole attraverso il Banco

---

[31] Il termine "seprocado" deriva dall'acronimo del Servizio di Protezione del Credito (SEPROC). Pertanto, chi è "seprocado" ha il registro dei contribuenti individuali (CPF) bloccato per qualsiasi beneficio creditizio.

da Terra. Questo perché, in generale, i terreni erano già esauriti e presentavano una bassa fertilità, oppure erano situati vicino a zone di insediamento e accampamento, come nel Gruppo Esperança, causando un deprezzamento della proprietà. Va notato che, per i grandi produttori di Tamarana, la presenza di un accampamento o di un insediamento MST vicino alle loro proprietà rappresenta un rischio, poiché nella loro mente la loro terra sarà occupata ed espropriata dall'INCRA. Pertanto, vendere la terra prima che venga espropriata per interesse sociale è molto più vantaggioso.

Come negli altri gruppi studiati, la maggior parte dei membri proviene dai comuni di Londrina e Tamarana. Anche coloro che provengono da Bahia, secondo l'origine identificata durante il lavoro sul campo, vivono nella regione da almeno 20 anni.

Durante le nostre visite abbiamo notato che la maggior parte dei residenti in questo gruppo ha un'età compresa tra 51 e 61 anni e tra 21 e 31 anni. Possiamo considerarla una popolazione composta prevalentemente da giovani e adulti. Nelle famiglie composte da patriarchi anziani, di età compresa tra i 55 e gli oltre 61 anni, di norma i loro figli non vivono nell'appezzamento, o perché vivono nelle città di Londrina e Tamarana, o perché hanno un appezzamento nello stesso Gruppo o in insediamenti della regione.

Il livello di scolarizzazione può essere considerato basso, poiché più del 50% della popolazione non ha completato la scuola primaria. La popolazione adulta che ha iniziato la scuola primaria non l'ha completata. Tutti i bambini in età scolare del gruppo frequentano le scuole statali o comunali del comune di Tamarana, mentre l'analfabetismo riguarda maggiormente gli ultrasettantenni.

Come già detto, la maggior parte dei residenti di questo Gruppo erano dipendenti di Fazenda Brasil. Erano quindi lavoratori dipendenti che si sono uniti al Gruppo. Secondo il signor T., erano "alla ricerca di una vita migliore, di un appezzamento di terra tutto nostro", ma quello che era un sogno tanto atteso si è trasformato in un fastidio latente, perché i 1.500.000,00 reais servivano solo per l'acquisto del terreno, mentre a ogni famiglia erano stati assegnati solo 12.000,00 reais per il progetto tecnico, tramite il PRONAF. Questo vale anche per tutti i gruppi studiati, ad eccezione del Gruppo Re della Lattuga. Solo 3.800,00 reais (inclusi nel valore totale del finanziamento) sono stati destinati alla costruzione delle case.

Il progetto di fattibilità tecnica o economica realizzato da EMATER - Tamarana prevede che i beneficiari producano ortaggi (in particolare patate, patate dolci, lattuga e cavoli), caffè, bestiame da latte e da carne. Abbiamo potuto osservare sul campo che questo progetto è stato rispettato, ad eccezione della produzione di ortaggi e degli appezzamenti in cui si producono cereali (mais, grano e soia). Solo un appezzamento che abbiamo visitato, mostrato nella foto 21, non produce nulla per la vendita.

Foto 21 - Condizioni abitative degli anziani coperti dal Programma.
Fonte: Lavoro sul campo. Luglio (2010)

Questo perché i residenti di questo lotto, una coppia di 67 anni, non sono in grado di produrre, perché secondo loro:

> "Siamo già vecchi, non riusciamo più a produrre per vendere. I nostri figli vivono tutti in città, alcuni a Londrina, altri a Tamarana. Produciamo per mangiare, piantiamo manioca, chayote, qualche peperone e caffè. Riusciamo a sopravvivere perché T. porta i prodotti dei vicini al CEASA. Quando riusciamo a produrre un po' di più, lo vende al CEASA. Ma è molto difficile da fare. Vorremmo vendere di più, ma poi dovremmo pagare qualcuno per aiutarci. Vixi, se pagassimo qualcuno, non avremmo i soldi per sopravvivere. Quindi l'accordo è di continuare così, perché senza pagare qualcuno che ci aiuti, non possiamo pagare il debito in modo corretto [...]" (sic).

In tutti gli altri appezzamenti visitati c'è produzione per

La maggior parte degli appezzamenti è dedicata all'allevamento di bestiame da latte e da carne. La maggior parte dei produttori di latte consegna la propria produzione a CATIVA per 0,60 R$ al litro, quindi fa parte del sistema di cooperazione, come i produttori di Renascer II e III.

Nel luglio 2010, i produttori di bovini da carne vendevano a 65,00 reais per arroba, con un tasso regolare di 25 capi al mese. Va notato che gli appezzamenti di produzione di bovini da carne visitati sono due e appartengono alla stessa famiglia. Di conseguenza, possono disporre di un'area di pascolo più ampia e di una maggiore produzione. Questa famiglia ci ha detto che il bestiame viene venduto ai produttori di carne della regione.

In questo gruppo, così come negli altri gruppi studiati a Tamarana, ci sono state alcune famiglie che sono riuscite a consolidare la loro produzione e ad avere una produzione orientata alla commercializzazione, senza bisogno di intermediari o addirittura di aderire al sistema di integrazione. Uno di questi appezzamenti è considerato dai tecnici di EMATER una proprietà di riferimento, ovvero l'appezzamento del signor S., l'ex amministratore della Fazenda Brasil, come mostrato nella foto 22 qui sotto.

Foto 22 - Proprietà di riferimento.

Fonte: Marcelo Campos, EMATER - Tamarana (2010)

Il produttore dell'appezzamento di riferimento ci ha detto che è riuscito a raggiungere questo livello di produzione perché aveva una somma di denaro da investire nell'appezzamento. Si ritiene fortunato per aver potuto acquistare tutto il necessario per la lavorazione del latte.

Secondo il signor S., "siamo rimasti bloccati qui per 10 anni, noi [lui e sua moglie] siamo stati fortunati. Il bestiame che ho oggi non ha nulla a che fare con i soldi del progetto. È stata tanta intelligenza e voglia di lavorare".

Va notato che la casa su questo terreno era l'ex sede della Fazenda Brasil, quindi non è stata costruita con il denaro finanziato a questo scopo.

La mandria di questo appezzamento è composta da bovini di razza mista, come mostrato nella foto 23. La scelta delle bovine di razza mista è dovuta al fatto che i costi della genetica superiore, pur producendo più latte al giorno, sono più elevati, così come i rischi di malattia. Un altro fattore che porta a questa scelta è il minor costo dei mangimi per le bovine di razza mista rispetto a quelle di razza.

Foto 23 - Bestiame meticcio
Fonte: Marcelo Campos, EMATER - Tamarana (2010)

A volte l'opzione dei bovini di razza mista non è ben vista dai tecnici dell'estensione, perché la logica imposta loro (dal Programma) è quella del mercato, ossia i tecnici devono guidare il beneficiario a produrre di più per ottenere un reddito sufficiente a ripagare il debito. Tuttavia, questa logica spesso non corrisponde alla realtà e nemmeno alla razionalità di questi agricoltori.

Possiamo considerare la razionalità contadina come una razionalità di sicurezza. In diverse occasioni, i contadini scelgono di produrre meno, come nel caso di questo appezzamento, che ha favorito l'allevamento di bovini meticci rispetto a quelli di razza, per mantenere la sicurezza di avere una produzione regolare, per garantire il proprio sostentamento e il pagamento del debito fondiario e di eventuali prestiti agricoli.

Il latte di questo appezzamento non viene venduto ad alcuna cooperativa o industria casearia. Il latte viene lavorato nell'appezzamento stesso e venduto ai consumatori finali nei comuni di Londrina e Tamarana. In questo modo, i produttori ottengono un prezzo migliore, poiché possono stabilire il prezzo di vendita. I prodotti lattiero-caseari prodotti nell'appezzamento sono essenzialmente formaggio, dulce de leche e cagliata, che vengono regolarmente venduti al consumatore finale. La foto qui sotto (Foto 24) mostra lo stock di prodotti da commercializzare.

Foto 24 - Derivati del latte.
Fonte: Marcelo Campos, EMATER - Tamarana (2010)

Accanto a questa produzione, nell'appezzamento sono presenti aree di frutteto, manioca, orto e allevamenti di maiali e polli per l'autoconsumo.

Vale la pena notare che a volte, quando la produzione di latte è inferiore, il signor S. acquista il latte da alcuni vicini per poterne beneficiare.

Il sistema di irrigazione di questo appezzamento è realizzato raccogliendo l'acqua da uno specchio d'acqua formato da una cascata sull'appezzamento, come si può vedere nella foto 25 qui sotto.

In breve, queste sono le espressioni dei limiti delle possibilità di ricreazione contadina individuate nel Grupo Brasil.

Foto 25 - Cascata.
Fonte: Marcelo Campos, EMATER - Tamarana (2010)

3.1.6 Gruppo Hope

Il gruppo Esperança, composto da 8 famiglie, si trova su una superficie totale di 82 ettari, 10,25 ettari per lotto. L'importo finanziato è stato di 284.640,00 R$. Di norma, sono le condizioni pedologiche e morfologiche che hanno portato ad appezzamenti più grandi rispetto agli altri progetti, in quanto il terreno ha una forte pendenza e ci sono anche intensi affioramenti rocciosi.

Va inoltre sottolineato che questo, insieme al gruppo Brasile, è uno dei pochi progetti del Banco da Terra che non sono stati creati sotto l'egida della garanzia di solidarietà e che hanno lotti individuali, cioè non è stato necessario organizzare un'associazione per formare il gruppo.

Nel gruppo Esperança abbiamo trovato solo pochi produttori che vivono effettivamente della produzione agricola, con una predominanza di ortaggi, arance e caffè.

In questo gruppo, abbiamo incontrato alcune persone che tengono l'appezzamento come fattoria per il tempo libero nei fine settimana, come ad esempio un appezzamento appartenente a un farmacista che vive nel comune di Londrina.

Il processo di acquisto di questa proprietà è stato simile a quello di Fazenda Brasil. Il proprietario della vecchia fattoria l'ha offerta al Banco do Brasil affinché la vendesse tramite il Banco da Terra. Questo perché, secondo il proprietario, c'erano due fattori aggravanti alla vendita della fattoria senza la mediazione del Programma. In primo luogo, l'ubicazione dell'insediamento di Serraria, che ospita frequenti riunioni di attivisti del MST, accanto alla proprietà, e l'accampamento del MST, situato all'ingresso della proprietà. Come già detto, l'ubicazione di insediamenti e accampamenti infastidisce i proprietari terrieri del quartiere.

Come gli altri gruppi studiati a Tamarana, i produttori di Esperança provengono dalle zone rurali dei comuni di Londrina e Tamarana. Quelli provenienti da altri comuni del Paraná vivono nella regione da più di 10 anni. La maggior parte della popolazione di questo gruppo è di mezza età (dai 40 ai 60 anni). Il livello di istruzione varia in base all'età dei residenti. Ci sono appezzamenti in cui il livello di istruzione varia dall'analfabetismo all'istruzione secondaria incompleta, così come un appezzamento in cui quasi tutti i residenti hanno completato l'istruzione secondaria e uno dei figli ha completato l'istruzione superiore e gli studi post-laurea.

In questo gruppo, le famiglie non sono numerose e generalmente sono composte da cinque persone. In un lotto vivono solo donne: la nonna vedova, due figlie divorziate e due nipoti. Si tratta di una situazione insolita tra i lotti studiati, che non interferisce direttamente con il lavoro sul lotto.

Siamo rimasti molto colpiti quando siamo arrivati al terreno e siamo stati accolti da una donna di 76 anni molto semplice, con i segni del lavoro agricolo sul viso e sulle mani. Abbiamo appreso che in questo appezzamento vivevano solo lei, le figlie e le nipoti, che avevano sempre vissuto in campagna. Prima di entrare nel Programma, la signora R., la matriarca, viveva con una delle figlie in una fattoria come mezzadri e l'altra figlia viveva con il marito, anch'egli mezzadro, in un'altra zona di Tamarana. Dopo il divorzio, è andata a vivere con la madre e la sorella.

In questo appezzamento ci sono poche colture, poiché il terreno è poco fertile, con una forte pendenza e affioramenti rocciosi, non dissimile dalle condizioni degli altri Gruppi già presentati. L'appezzamento produce mais, fagioli e ginestra. Tuttavia, poco di ciò che viene prodotto è destinato al mercato, poiché devono pagare il trasporto al CEASA e, in diverse occasioni, il prezzo ottenuto sul mercato non copre il prezzo di produzione. Non hanno i soldi per diversificare la produzione con colture che crescono meglio in questo tipo di terreno e che hanno un valore aggiunto maggiore, come gli agrumi, i frutti della passione, il pascolo, tra le altre. Per ottenere un reddito migliore, affittano parte del loro appezzamento al signor L., un beneficiario dello stesso gruppo.

Nell'appezzamento del signor L. vivono cinque persone: lui, sua moglie, due figli e una figlia. Il signor L. ha terminato la scuola superiore ed è un tecnico agricolo. La moglie non ha terminato la scuola superiore, i figli maschi hanno terminato la scuola superiore e si stanno iscrivendo a un corso di studi superiore o tecnico, mentre la figlia è laureata in pedagogia e sta facendo studi post-laurea.

La forza lavoro dell'appezzamento è essenzialmente familiare. Ad eccezione della figlia, che studia e lavora a Londrina, ma che occasionalmente aiuta nelle faccende dell'appezzamento, tutti i residenti lavorano effettivamente nella produzione.

Il signor L. ha una storia molto interessante di vita e di lavoro sulla terra. Nato a Palotina, PR, ha sempre lavorato nei campi, nella fattoria del padre, coltivando soia e semi di girasole, destinati all'industria dell'olio vegetale. Dopo diversi fallimenti del raccolto, il padre, indebitato, perse la fattoria a causa della banca. Così, negli anni '70, si trasferì con la moglie a Sinop - MT, con le speranze riposte nella promessa di una terra fertile e a buon mercato, come molti abitanti del Pará che emigrarono nel nord del Paese al culmine della crisi del caffè.

Dopo aver vissuto per vent'anni nel Mato Grosso, lui e la sua famiglia sono emigrati in Bolivia, dove hanno vissuto per quattro anni, ma sono stati espulsi in una delle ondate di espulsioni di stranieri che possedevano terre nel Paese. Così è andato a lavorare come trattorista in una fattoria di Tamarana, quando ha saputo di una famiglia che voleva lasciare il proprio appezzamento nel Grupo Esperança e ha deciso di prendere il loro posto.

Il signor L ci ha detto che:

> "La vita è sempre stata molto difficile, prima abbiamo perso la nostra fattoria a causa della banca, poi sono andato nel Mato Grosso e siamo rimasti lì per un po', i miei figli sono nati tutti lì. Poi è stato giusto andare in Bolivia, siamo rimasti lì per quattro anni, ma poi siamo stati espulsi senza il diritto alla terra. Poi siamo venuti qui a Tamarana, sono andato a lavorare in una fattoria come trattorista. Ora va tutto meglio, ho la mia terra. [...] Non credo che sia difficile pagare la terra, è costosa, non si può negare, ma con lo sforzo e il lavoro riusciamo a pagarla. [32][...] Non credo di avere molti problemi a pagarla, perché non sono arrivato qui come molti, con una mano davanti e l'altra dietro. Avevo un po' di soldi, un carretto, ero già un tecnico agricolo, quindi l'assistenza tecnica non è mai mancata, e ho anche lavorato sodo per far funzionare tutto qui".

Questa affermazione dimostra la nostra tesi che i contadini hanno la possibilità di ricrearsi all'interno del Banco da Terra solo quando entrano nel programma con condizioni strutturali minime.

In questo appezzamento si coltivano diverse colture: frutta come frutti

[32] L'espressione con una mano davanti e l'altra dietro significa che le persone sono arrivate ai lotti senza soldi.

della passione e arance, peperoncino, patate dolci, mais, caffè (autoconsumo), zucchine, soia, in un'area affittata dall'appezzamento della signora R., e anche pascoli per l'allevamento di bovini da latte. Quest'area di pascolo è affittata anche dall'appezzamento del farmacista di Londrina, e c'è anche un'area di eucalipto che viene venduta come legna da ardere.

Oltre a lavorare nell'appezzamento, il signor L guadagna anche grazie al suo lavoro di conducente di trattori per gli appezzamenti vicini. Ci ha detto che quando lavora fuori dall'appezzamento, sono i figli e la moglie a prendersi cura della terra.

I prodotti di questo appezzamento vengono venduti al CEASA e trasportati dal signor L, che trasporta anche i prodotti dei suoi vicini. Il latte viene consegnato a Cativa.

Possiamo notare che questo appezzamento è consolidato, come alcuni già citati. Tuttavia, questo appezzamento rappresenta un'eccezione alla regola, in quanto è stato uno dei pochi contadini che ci ha detto di avere poche difficoltà a saldare il debito fondiario.

Come si vede, il Gruppo Esperança sfugge al dominio delle banche della terra studiate e, in egual misura, presenta i limiti insiti nella concezione politica della riforma agraria in mano al mercato, il che non invalida le poche eccezioni in cui si intravede il processo di ricreazione contadina differenziata.

3.2 La Banca della terra a Londrina e Tamarana: limiti e possibilità

Nel corso di questa ricerca, abbiamo trascorso sei mesi sul campo, cercando di capire un po' la realtà delle 110 famiglie studiate e, in tutti i gruppi, abbiamo trovato realtà simili. Ci sono caratteristiche strutturali del Programma che sono simili per tutti, la più evidente delle quali è la dimensione ridotta degli appezzamenti. Nei comuni di Londrina e Tamarana, il modulo fiscale secondo la Legge 8.629 del 25 febbraio 1993 è di 12 ettari, ma abbiamo riscontrato che nessuno dei gruppi aveva dimensioni degli appezzamenti pari o superiori al modulo fiscale comunale.

Un altro fattore limitante del Banco da Terra è che nessuno dei finanziamenti contratti dai produttori viene destinato al progetto di produzione, ma solo alle condizioni infrastrutturali. Ciò significa che i produttori devono ricorrere ad altre linee di credito fondiario, come il PRONAF. Di conseguenza, finiscono per indebitarsi ancora di più, dato che il tasso di interesse del Programma Banca della Terra per la regione è del 12% annuo e le rate sono in media di 4.000,00 reais.

L'indebitamento dei produttori rende spesso impossibile l'accensione di altri prestiti per la produzione, dal momento che i contadini iscritti al SERASA non possono accedere a nessun tipo di finanziamento, il che può rendere impossibile ricreare i propri mezzi di sussistenza, con il rischio di abbandonare o vendere i propri appezzamenti. Questo indebitamento porta a un alto livello di inadempienza tra i beneficiari dei Gruppi studiati, che raggiunge il 90%. I beneficiari che riescono a saldare il debito sulla terra sono rari ed esprimono una situazione diversa, in cui avevano già le condizioni minime per ricrearsi prima di entrare nel programma.

Un'altra somiglianza individuata tra i gruppi è il modo in cui sono stati costituiti. Con l'eccezione del Re della Lattuga, tutti i gruppi sono stati creati con l'intervento dell'Unione dei Lavoratori Rurali di Tamarana. Come già detto, quasi tutte le famiglie studiate vivevano in comuni e distretti della regione di Londrina e Tamarana ed erano di origine rurale (affittuari o lavoratori rurali salariati).

In un'intervista con la presidente dell'Unione dei lavoratori rurali di Tamarana, per indagare sul ruolo dei mediatori nel consolidamento dei gruppi, ci ha detto che quando il Programma è entrato in vigore nella regione, tutti (nell'Unione) erano molto fiduciosi, vista la promessa di rendere possibile l'acquisto di terre e il consolidamento dell'agricoltura familiare. Per questo motivo e per l'intensa pubblicità e facilitazione da parte dello Stato, molte persone si sono presentate all'Unione interessate a partecipare.

Il presidente ci ha detto che i Gruppi sono stati formati nel seguente modo: le persone interessate si sono recate all'Unione per iscriversi, alcune delle quali avevano già il Gruppo formato, ma molte delle persone che si sono iscritte non hanno potuto partecipare al Programma perché avevano documenti irregolari. Una volta completata l'iscrizione, i Gruppi sono stati formati quasi a caso e poi è iniziato il processo di scelta dell'area e di negoziazione dell'acquisto.

Alla domanda se alcuni proprietari terrieri della regione avessero offerto proprietà da vendere tramite il Banco da Terra, la risposta è stata negativa. Tuttavia, alcuni intervistati hanno dichiarato di essere stati contattati da proprietari terrieri interessati a negoziare i loro terreni attraverso il programma, come il Grupo Brasil. Ciò dimostra che le autorità locali sono state coinvolte nel programma e nel numero di gruppi del Banco da Terra, soprattutto nel comune di Tamarana.

Va sottolineato che, di norma, i gruppi sono situati in aree lontane dai canali di commercializzazione, con terreni a bassa fertilità, affioramenti rocciosi e pendii ripidi (soprattutto a Tamarana), come mostrato nella Figura 3. Ciò comporta difficoltà nella produzione ed è una delle variabili da tenere in considerazione quando si tratta di appezzamenti non redditizi.

[33]Infine, anche il principio del processo di garanzia congiunta è un fattore limitante per la ricreazione di alcune delle famiglie studiate, perché le famiglie che hanno abbastanza soldi da versare al programma trovano molto difficile pagare la rata del prestito, poiché la banca riceve solo il debito totale del gruppo e non per beneficiario. Ciò significa che se una famiglia non paga, nessun'altra del gruppo sarà in grado di pagare, lasciandola in difetto e senza accesso ai finanziamenti.

A questo proposito, il presidente dell'Associazione dei produttori agricoli di Akolá ci ha raccontato che già nel marzo 2010 aveva chiesto al Consiglio municipale per lo sviluppo rurale (CMDR) di portare a termine il processo di sostituzione di alcuni appezzamenti a cui i "beneficiari" avevano rinunciato e il processo di individualizzazione dei debiti di finanziamento. Nonostante siano stati votati e approvati in una riunione straordinaria del CMDR l'11 marzo 2010, questi processi non sono ancora stati portati a termine, perché per realizzare le sostituzioni e l'individualizzazione è necessario presentare vari documenti che passeranno attraverso diverse istituzioni a livello comunale, statale e federale, come EMATER, SEAB, MDA e Banco do Brasil. Questo rallenta il processo.

La produzione degli appezzamenti dei Gruppi studiati è un buon indicatore delle possibilità contraddittorie vissute dai contadini. Ci sono produttori che avevano già condizioni minime e sono riusciti a consolidarsi sull'appezzamento, producendo per l'autoconsumo e per la commercializzazione. Questo ha permesso loro di saldare il debito fondiario, nonostante tutte le avversità comuni a tutti, come i costi di produzione, il trasporto, il sostegno della famiglia, l'ubicazione, la qualità del suolo, tra gli altri. Tuttavia, gli altri tendono a morire come agricoltori autonomi nei loro appezzamenti, sia a causa dei problemi strutturali del Programma sia a causa di impedimenti interni a ciascuna famiglia.

Anche la condizione di assoggettamento dei contadini pone delle difficoltà; possiamo vedere che l'assoggettamento di questi produttori, in tutti i Gruppi, non è solo nell'area della commercializzazione dei prodotti. Sono soggiogati dal capitale finanziario, dal debito derivante dall'acquisto dell'appezzamento, dal capitale industriale, quando acquistano fattori di produzione e sementi che aumentano costantemente e spesso non corrispondono al prezzo che ottengono sul mercato.

---

33 Nel processo di garanzia congiunta, ogni membro del gruppo funge da garante per gli altri. Nel caso del Banco da Terra, quando un "beneficiario" non paga la rata annuale del mutuo, tutti gli altri non possono effettuare il pagamento, perché essendo la proprietà intestata all'Associazione o al Gruppo, la banca riceve solo l'importo totale del mutuo e non quello dovuto a ciascun "beneficiario".

Di fronte a tutti questi problemi, le famiglie cercano di trovare un modo per non perdere la terra dei loro sogni. Molte, per mancanza di condizioni, smettono di produrre per vendere il loro appezzamento per lavorare altrove come salariati rurali. Altri agiscono come intermediari e altri ancora cercano di vendere i loro prodotti in modi diversi dal CEASA, come ad esempio nelle fiere o nell'appezzamento stesso.

Il modo in cui il programma è stato strutturato rivela la sua incapacità di dimostrarsi un modello di riforma agraria valido, perché anche se facilita l'acquisto della terra, spesso non riesce a fornire alle famiglie che ne beneficiano le condizioni per sopravvivere, confermando così che il mercato non è in grado di risolvere il problema della questione agraria brasiliana.

CAPITOLO 4

CONSIDERAZIONI FINALI

Il modo in cui avvenne l'appropriazione cristiana occidentale del territorio brasiliano, unito alla mancanza di controllo da parte della monarchia portoghese sui limiti delle concessioni e dei possedimenti, culminò nella nascita del latifondo.

Il mantenimento di questa struttura latifondista è stato riaffermato attraverso varie leggi e programmi governativi, come la Legge fondiaria del 1850, lo Statuto fondiario del 1964 e la politica di credito fondiario degli anni '90 e 2000. Ognuno di questi atti ha permesso di rinnovare il patto di potere esistente tra lo Stato e i grandi proprietari terrieri, rafforzando così il monopolio di classe sulla terra.

La concentrazione della terra, che nei Paesi a capitalismo centrale costituiva un ostacolo allo sviluppo del capitalismo e alla completa modernizzazione, in Brasile assunse un carattere complementare alle strutture dell'accumulazione allargata, nel contesto della metamorfosi dei capitalisti industriali e urbani in proprietari terrieri, che suggellò l'alleanza tra terra e capitale, secondo le parole di Martins (1994).

Queste azioni sono state combinate con strategie volte ad alleviare selettivamente le tensioni attraverso politiche sociali compensative che, invece di agire come politiche pubbliche correttive, sono culminate nel rafforzamento del latifondo, di per sé capace di reprimere le mobilitazioni e le lotte per la democratizzazione dell'accesso alla terra.

Questo contesto ha motivato la presente ricerca, che ha cercato di analizzare il Programma Banca della Terra e i suoi sviluppi territoriali nei comuni di Londrina e Tamarana - PR. La sezione territoriale proposta è giustificata dal fatto che il Paraná è uno dei principali Stati in cui opera il Programma, che a sua volta è già un prodotto delle azioni di mitigazione dei conflitti agrari di cui si è parlato in precedenza, vista la presenza di territori di resistenza contadina, come gli accampamenti e gli insediamenti che hanno una marcata presenza a Tamarana, un comune di nuova costituzione a causa dello smembramento dei domini politico-amministrativi di Londrina.

L'analisi del Programma Banco da Terra ha dimostrato che non si tratta di un'azione spazio-temporale isolata, ma piuttosto di una parte della politica neoliberale di aggiustamento strutturale sostenuta dalla Banca Mondiale e introdotta in Brasile con il sostegno dello Stato.

In termini generali, questa politica è stata estesa alle aree rurali della maggior parte dei Paesi sottosviluppati che, come il Brasile, hanno vissuto conflitti e rivolte contadine motivate dal divieto di utilizzo delle terre da lavoro. Da qui le linee di finanziamento per l'acquisto di terreni da parte di lavoratori rurali senza terra o con terreni insufficienti per la sopravvivenza.

Si può quindi affermare che il suo obiettivo primario era quello di contenere le tensioni nelle campagne e di allineare la politica fondiaria ai principi del libero mercato, anche se il discorso indicava l'intenzione di promuovere il benessere nelle campagne e il consolidamento degli agricoltori sulla terra, come si può vedere dal frammento seguente, tratto dal Manuale operativo del Programma Banco da Terra (2000), in cui si afferma che l'obiettivo è quello di "promuovere azioni di riorganizzazione fondiaria e di insediamento rurale, al fine di rafforzare l'agricoltura familiare in collaborazione con le comunità rurali beneficiarie e in linea con la politica agricola e di sviluppo rurale dello Stato".

Il divario tra gli obiettivi dichiarati e i risultati raggiunti finora è stato evidente in questo lavoro, perché in tutti i Gruppi studiati, la maggior parte degli appezzamenti non soddisfaceva le condizioni strutturali minime per produrre secondo i precetti della legislazione agraria in vigore in Brasile, che auspica l'accesso a un pezzo di terra in grado di garantire il soddisfacimento delle esigenze di esistenza e di progresso economico per la famiglia che vi abita.

Invece di far valere la sua prerogativa fondamentale di promuovere la giustizia fondiaria attraverso la distribuzione delle terre libere, che secondo Oliveira (2003) corrispondono a circa la metà dei domini territoriali del Paese, il governo brasiliano ha optato per la cosiddetta riforma agraria di mercato, sovvenzionando il business della terra.

Nonostante i crediti concessi agli agricoltori, in pratica sono stati i proprietari terrieri privati a trarre i maggiori benefici dal programma, in quanto sono stati pagati in contanti per terreni generalmente sovraprezzati, molti dei quali con titoli legali dubbi.

Inoltre, non ci si aspetterebbe che questo problema, così latente nella società brasiliana, possa essere risolto solo con la concessione di crediti, un fatto reso evidente da questa ricerca, dato che solo pochi appezzamenti sono stati consolidati, con una produzione a livelli compatibili con le richieste minime delle famiglie coinvolte. Va notato che in tutti questi casi, quando gli agricoltori hanno aderito al programma, disponevano già delle condizioni strutturali minime per produrre, tra cui denaro, attrezzature, macchinari e talvolta anche veicoli. D'altra parte, la ricerca non ha individuato un solo caso di successo, all'interno dei parametri sopra descritti, tra coloro che erano strettamente dipendenti dalle risorse messe a disposizione per insediarsi nell'appezzamento.

Questa, che già appare come una carenza strutturale del programma, è stata approfondita da prescrizioni tecnico-politiche sbagliate, poiché si è idealizzato che i produttori sarebbero stati pienamente integrati nel mercato, come se potessero, per decreto, competere per le posizioni competitive in condizioni simmetriche con gli altri già stabiliti.

In breve, è questo concetto che spiega la regola che li obbliga a rispettare la cosiddetta redditività economica, elaborata da tecnici che definiscono quali prodotti devono essere coltivati. In tutti i casi, il parametro individuato è stato quello delle colture con alti livelli di redditività, date le condizioni di scala. Di norma, però, non si è tenuto conto dell'esperienza dei beneficiari in questa attività, della disponibilità di strumenti e macchinari, dell'adeguato equilibrio tra intensità e forza lavoro familiare disponibile, della distanza e dell'accessibilità al mercato di consumo, tra le altre cose.

Così, anche se fornisce l'accesso alla terra, il Banco da Terra, così come tutti gli altri programmi che privilegiano il processo di finanziamento dell'acquisto di proprietà rurali rispetto alla redistribuzione della terra, non garantisce alle famiglie beneficiarie condizioni di reddito che assicurino sia il pagamento dei debiti sia il sostentamento.

Concludiamo che i programmi di credito fondiario sul modello del Banco da Terra non possono essere assimilati a un modello di riforma agraria, in quanto sono soprattutto strategie di raccolta della rendita fondiaria capitalizzata attraverso il saccheggio delle casse pubbliche, che penalizza non solo i contadini senza terra, ma la società in generale, la quale, oltre a vedersi sottrarre parte delle risorse da settori essenziali, si trova di fronte a un approfondimento della struttura che favorisce lo stupro della rendita fondiaria che grava indiscriminatamente su di essa.

RIFERIMENTI

2,4D [SALE DI DIMETILAMMINA DELL'ACIDO (2,4-DICLOROFENOSSI) ACETICO]. Nortox SA. Arapongas: Nortox AS, 2010. Disponibile a: <http://www.nortox.com.br/imagens/produtos/24d_bula.pdf>. Accesso: 19 novembre 2010.

ALMEIDA, Lúcio Flávio Rodrigues de. Lotte sociali e questione nazionale in America Latina: alcune riflessioni. **Lutas sociais**, n. 17/18, p. 64-67, luglio/dicembre 2006 / gennaio/giugno 2007.

ALMEIDA, Rosemeire Aparecida de. **(Re)criação do campesinato, identidade e distinção**: a luta pela terra e o habitus de classe. São Paulo: UNESP, 2006.

ASSOCIAZIONE DEI COLTIVATORI DI TABACCO DEL BRASILE - AFUBRA. **Tabella dei prezzi del tabacco per il raccolto 2009/2010**. disponibile su: <http://www.afubra.com.br/principal.php?acao=conteudo&conteudo_id=268&i_id=1& u_id=1>. Accesso: 19 novembre 2010.

BINSWANGER, Hans. **Riforma fondiaria assistita dal mercato**: il nuovo approccio della Banca Mondiale. Tradotto da: MAIA, José Nelson Bessa. [s.n.t.] [1996?].

BONATO, Amadeu A. L'**agricoltura familiare e la filiera del tabacco in Brasile**. EMATER, Dipartimento di studi socioeconomici rurali DESER. Disponibile all'indirizzo: <http://www.emater.pr.gov.br/arquivos/File/Seminarios/08Cadeiadofumo.pdf>. Accesso: 19 novembre 2010.

BRASILE. **Legge n. 601 del 18 settembre 1850.** Prevede le terre vacanti dell'Impero. Rio de Janeiro: Assemblea Generale, 1850. Disponibile a: <http://www.planalto.gov.br/ccivil_03/Leis/L0601-1850.htm>. Accesso: 19 novembre 2010.

BRASILE. **Costituzione della Repubblica Federativa del Brasile**. Brasília: Senato federale, 1988.

BRASILE. **Legge n. 8.692, del 25 febbraio 1993**. Prevede la regolamentazione delle disposizioni costituzionali relative alla riforma agraria, contenute nel Capitolo III, Titolo VII, della Costituzione federale. Brasília: Assemblea Generale, 1993. Disponibile all'indirizzo: < http://www.planalto.gov.br/ccivil_03/leis/l8629.htm>. Accesso: 20 febbraio 2010.

BRASILE. GOVERNO FEDERALE. Manuale operativo **del Programma Banco da Terra.** Brasília, DF, 2000. Disponibile all'indirizzo <http://www.incra.gov.br>. Consultato il 25/02/2009.

CHAYANOV, Alexander Von. **L'organizzazione dell'unità economica contadina.** Buenos Aires: New Vision, 1974.

CASANOVA JR., Guilherme. Nonostante i progetti e gli incentivi, gli agricoltori familiari si sentono isolati. **Jornal de Londrina**, 13 dicembre 2009. Disponibile a:

<http://www.jornaldelondrina.com.br/edicaododia/conteudo.phtml?tl=1&id=954054&ti t =Despite-projects-and-incentives-family-farmer-says-he's-isolated>. Accesso: 19 novembre 2010.

FILGUEIRA, Fernando Antonio Reis. **Novo manual de olericultura**: agrotecnologia moderna na produção e comercialização de hortaliças. Viçosa: UFV, 2000.

FURTADO, Celso. La **formazione economica del Brasile**. 34 ed. São Paulo: Companhia das Letras, 2007.

KAUTSKY, Karl. **La questione agraria**. 3.ed. San Paolo: Proposta, 1980.

LÊNIN, Vladimir I. **Capitalismo e agricoltura negli Stati Uniti d'America**: nuovi dati sulle leggi di sviluppo del capitalismo in agricoltura. San Paolo: Brasil Debates, 1980.

LENIN. Vladimir I. Lo **sviluppo capitalistico in Russia**. San Paolo: Abril Cultural, 1982.

LESSA, Antonio Carlos. **15 anni di politica economica.** 2.ed. San Paolo: Brasiliense, 1981.

MAIOR, Mylena Fiori C.; SALVO, Maria Paola de. La **fine della banca della terra**. Disponibile all'indirizzo: <http://www.midiaindependente.org/eo/blue/2003/02/248189.shtml>. Accesso: 12 marzo 2008.

MARTINS. José de Souza. **A militarização da questão agrária**: terra e poder, o problema **da** terra na crise política. Petrópolis: Vozes, 1984.

MARTINS, José de Souza. **Os camponeses e a política no Brasil**: as lutas sociais no campo e seu lugar no processo político. Petrópolis - RJ: Vozes, 1986.

MARTINS, José de Souza. **La cattività della terra**. 4.ed. São Paulo: Hucitec, 1990.

MARTINS, José de Souza. **O poder do atraso**: ensaios de sociologia da história lenta. São Paulo: Hucitec, 1994.

MARTINS, José de Souza. **O poder do atraso**: ensaios de sociologia da história lenta. 2.ed. São Paulo: Hucitec, 1999.

MARTINS, Mônica Dias. Imparare a partecipare. In: _________ . **La Banca Mondiale e**
terra: offensiva e resistenza in America Latina, Africa e Asia. San Paolo: Viramundo, 2004. p.61-73.

MARX, Karl. La **capitale**. Rio de Janeiro: Civilização Brasileira, 1974 (Grandi maestri del pensiero; v. 6).

MEDEIROS, Leonilde Servolo de. **Reforma agrária no Brasil**: história e actualidade da luta pela terra. São Paulo: Perseu Abramo, 2003.

MENDONÇA, Maria Luisa; RESENDE, Marcelo. Controriforma agraria in Brasile. In: MARTINS, Mônica Dias. **La Banca Mondiale e la terra**: offensiva e resistenza in America Latina, Africa e Asia. São Paulo: Viramundo, 2004. p.75-79.

MRTVI, Paulo. Passeggiata comunitaria. **O homem e a terra,** Curitiba, n. 36, dicembre 2009. Disponibile su: <http://www.emater.pr.gov.br/arquivos/File/Comunicacao/Jornais/HTEletronico/HTEn36.pdf>. Accesso: 19 novembre 2010.

NABARRO, Sérgio A. **La banca della terra a Tamarana - PR**: il caso dei gruppi Renascer II e III. 2007. Monografia (Laurea in Geografia) - Università Statale di Londrina, Londrina.

OLIVEIRA, Alexandra Maria de. La politica di controriforma agraria della Banca Mondiale in Ceará. **GEOUSP: espaço e tempo,** São Paulo, n. 19, p. 151-175, 2006.

OLIVEIRA, Ariovaldo Umbelino de. La **questione agraria e il diritto alla terra**: un movimento in difesa dei diritti sociali - Brasília. Disponibile a: <http://www.direitosociais.org.br/_arquivos/2010/343_questaoagrariaparte1.pdf>.

Accesso: 19 novembre 2010.

OLIVEIRA, Ariovaldo Umbelino de. "**Me engana que eu gosto**": il mancato aggiornamento degli indici di produttività fondiaria sotto il governo Lula. Disponibile su: <http://www.direitos.org.br/index.php?option=com_content&task=view&id=2968&Ite m id=2>. Accesso: 19 novembre 2010.

OLIVEIRA, Ariovaldo Umbelino de. **La geografia delle lotte nelle campagne**. 3.ed. São Paulo: Contexto, 1990.

OLIVEIRA, Ariovaldo Umbelino de. Barbárie e modernidade: as transformações no campo e o agronegócio no Brasil. **Terra Livre,** ano 19, v. 2, n. 21, p. 113-156, luglio/ dicembre 2003.

OLIVEIRA, Ariovaldo Umbelino de. **Modo di produzione capitalista e agricoltura**. 4.ed. São Paulo: Ática, 1995.

OLIVEIRA, Ariovaldo Umbelino de. **Modo di produzione capitalista, agricoltura e riforma agraria**. São Paulo: Labur Edições, 2007.

OLIVEIRA, Ariovaldo Umbelino de. Reflexões sobre o imperialismo: a incorporação do Brasil ao capitalismo internacional. **Boletim Paulista de Geografia**, São Paulo, n. 59, p. 59-114, 1982.

OLIVEIRA, Ariovaldo Umbelino. Geografia agraria e recenti trasformazioni territoriali nelle campagne brasiliane. In: Carlos, Ana Fani Alessandri (Org.) **Novos caminhos da Geografia**. São Paulo: Contexto, 2002.
OLIVEIRA, Ariovaldo Umbelino de. L'**agricoltura contadina in Brasile**. São Paulo: Contexto, 1991.

PAULINO, Eliane Tomiasi. **Verso una geografia dei contadini**. San Paolo: UNESP, 2006.

PAULINO, Eliane Tomiasi FABRINI, João Edmilson; (Org.). **Campesinato e territórios em disputa**. São Paulo: Expressão Popular, 2008.

PAULINO, Eliane Tomiasi. La questione agraria e l'insegnamento della geografia: un dibattito necessario. In: KATUTA, Ângela Massumi et al. **Geografia e mídia impressa.** Londrina: Moriá, 2009a. p. 61-86.

PAULINO, Eliane Tomiasi. **Produzione di semi propri:** un incontro fruttuoso tra scienza e sapere contadino nella regione di Londrina - Brasile. 2009b Disponibile all'indirizzo: <http://egal2009.easyplanners.info/programaExtendido.php?sala_=A%20-%2002&dia_=DOMINGO_AREAS_6_7_8#>. Accesso: 29 marzo 2010.

PAULINO, Eliane Tomiasi; ALMEIDA Rosimeire Aparecida de. **Terra e território**: a questão camponesa no capitalismo. São Paulo: Expressão Popular, 2010.

PEREIRA, João Márcio Mendes. La disputa politico-ideologica tra la riforma agraria redistributiva e il modello di riforma agraria basato sul mercato della Banca Mondiale (19942005). **Sociedade e Estado,** Brasília, v. 20, n. 3, p. 611-646 settembre/dicembre 2005.

PEREIRA, João Márcio Mendes. La politica agraria della Banca Mondiale in discussione.
Estudos Avançados, São Paulo, v. 20, n. 57, agosto 2006. Disponibile all'indirizzo: <http://www.scielo.br/scielo.php?script=sci_arttext&pid=S0103-40142006000200024&lng=en&nrm=iso>. Accesso: 19 novembre 2010.

PEREIRA, João Márcio Mendes; SAUER, Sérgio (Org). **Catturare la terra**: Banca Mondiale, politiche fondiarie neoliberali e riforma agraria di mercato. São Paulo: Expressão Popular, 2006.

PLOEG, J. D. van der. **Contadini e imperi alimentari:** lotte per l'autonomia e la sostenibilità nell'era della globalizzazione. Porto Alegre: UFRGS, 2008.

RAMOS FILHO, Eraldo da Silva. La **questione agraria attuale**: Sergipe come riferimento per uno studio comparativo delle politiche di riforma agraria e di riforma agraria di mercato (2003-2006). 2008. Tesi (Dottorato in Geografia) - Universidade Estadual Paulista, Presidente Prudente.

RODRIGUES, Lúcio Flávio de Almeida. Lotte sociali e questioni nazionali in America Latina: alcune riflessioni. **Lutas Sociais.** v. 17/18 p. 64-77, gennaio/luglio, 2007.

ROSSET, Peter. Il buono, il cattivo e il brutto: la politica fondiaria della Banca Mondiale. In: MARTINS, Mônica Dias. **La Banca Mondiale e la terra**: offensiva e resistenza in America Latina, Africa e Asia. São Paulo: Viramundo, 2004. p.16-24.

SALLUM JÚNIOR, Brasílio. **Capitalismo e coltivazione del caffè**. San Paolo Ovest: 18881930. São Paulo: Duas Cidades, 1982.

SAUER, Sérgio. La terra come banconota: uno studio sulla "riforma agraria di mercato". In: MARTINS, Mônica Dias. **La Banca Mondiale e la terra**: offensiva e resistenza in America Latina, Africa e Asia. São Paulo: Viramundo, 2004. p.16-24.

SCIARRA, Eduardo. Il **Planalto cede ai ruralisti sull'indice di produttività**. Disponibile all'indirizzo: <http://eduardosciarra.com.br/planalto-cede-a-ruralistas-em-indice- de-productividade/>. Accesso: 19 novembre 2010.

SEGRETARIO DI STATO PER L'AGRICOLTURA E L'APPROVVIGIONAMENTO - SEAB.
Colpire il bersaglio giusto: eliminare la deriva nell'irrorazione dei pesticidi. Opuscolo informativo. Disponibile all'indirizzo : <http://www.seab.pr.gov.br/arquivos/File/defis/educacao/alvo1.pdf>. Accesso: 19 novembre 2010.

SHANIN, Teodor. La definizione di contadino: concettualizzazioni e de-concettualizzazioni - il vecchio e il nuovo in una discussione marxista. **Revista Nera**, Presidente Prudente, Ano 8, n. 7, p. 1- 21, giugno/dicembre 2005.

SHANIN, Teodor. **Lezioni contadine**. In: ___________ PAULINO, Eliane Tomiasi FABRINI, João Edmilson; (Org.) Campesinato e territórios em disputa. São Paulo: Expressão Popular, 2008. p. 23-47.

SILVA, Lígia Osorio. **Terre vacanti e latifondi**: effetti della legge fondiaria del 1850. Campinas: Editora da UNICAMP, 1996

SILVA, Lígia Osorio. **Terre vacanti e latifondi**: effetti della legge fondiaria del 1850. 2ed. Campinas: Editora da UNICAMP, 2008.

SORJ, Bernardo. **Stato e classi nell'agricoltura brasiliana**. Rio de Janeiro: Editora Guanabara, 1986.

STÉDILE, João Pedro (Org.) **A questão agrária no Brasil**: programas de reforma agrária 1946-2003. São Paulo: Expressão Popular, 2005.

TSUKAMOTO, Ruth Youko; ASSARI, Alice Yatiyo. **Insediamenti rurali e riorganizzazione economica e spaziale - Tamarana - PR**. Disponibile a: <http://www4.fct.unesp.br/nera/publicacoes/singa2005/Trabalhos/Artigos/Ruth%20Youko%20Tsukamoto.pdf> . Consultato il 21/03/2009.

CAPITOLO 5

APPENDICE

APPENDICE A

Questionario

1. La storia della vita.

1.1. Età

1.2. Stato civile

1.3. Che livello di istruzione ha?

1.4. Avete figli? Quanti? Età?

1.5. I vostri figli studiano? Quale grado? Quale scuola? La scuola si trova nel distretto o nella città di Londrina? Che mezzi di trasporto usano?

1.6. Avete un familiare che lavora o riceve una pensione?

1.8. Quanto rappresenta, in termini proporzionali, questo reddito esterno?

1.9. Si tratta di un reddito fisso o varia nel corso dell'anno (se varia, prendere la media annuale).

1.9.1. Se questo afflusso monetario dovesse cessare, la sopravvivenza sulla terra sarebbe compromessa?

1.10. Ha sempre vissuto in campagna? (La terra era di proprietà? L'estensione della superficie coltivata)

1.11. Quali attività sono state svolte? Quali coltivazioni? C'era un allevamento commerciale di pollame, maiali, bovini, ecc.

1.12. Che cosa faceva prima di entrare nel Gruppo?

1.13. Se non avete una tradizione in agricoltura: cosa vi ha spinto a unirvi al Gruppo?

1.14. Da quanto tempo fa parte del Gruppo?

1.15. Fate parte del gruppo originario? Se no, qual è l'ordine di occupazione?

1.16. È mai stato un campeggiatore o un colono? Se sì, perché ha lasciato il campo/insediamento per unirsi al Gruppo?

1.17. Come ha conosciuto il Banco da Terra?

2. Il gruppo.

2.1. Come si è formato il Gruppo?

2.2. Come sono state scelte le persone che fanno parte del Gruppo? Quali criteri sono stati utilizzati?

2.3. Chi era il proprietario del terreno?

2.4. Quanto è stato finanziato? Avete appena estinto il mutuo? Quanto tempo rimane?

2.4.1. A quanto ammonta la rata annuale? Quanto è già stato pagato? Quanto è difficile pagare? Il gruppo ha una garanzia in solido? Ci sono stati problemi? Qual è la percentuale di inadempienti nel gruppo?

2.4.2. Quali sono i suoi progetti futuri?

2.5. Il terreno è già intestato?

2.6. Da quando è entrato nel Gruppo, la sua vita è migliorata, peggiorata o rimasta invariata?

2.7. Esiste un'attività interna che integra socialmente i residenti del progetto (rosari, feste, ecc.) Ci sono misure istituzionali presenti nell'"insediamento".

2.8. Come procede il processo di individualizzazione delle parcelle? Siete favorevoli o contrari?

2.9. Avete paura di perdere il vostro terreno se non pagate le rate del mutuo?

2.10. Cosa ne pensate del Programma Banca della Terra? È migliore di quello che avevate prima?

3. Trame.

3.1. Le parcelle sono tutte della stessa dimensione?

3.2. Quanto è grande il vostro terreno?

3.3. Cosa si produce nel vostro appezzamento? C'è una rotazione delle colture? Ci sono colture che hanno un ciclo breve?

3.4. Qual è la superficie occupata da ciascuna coltura prodotta nel vostro appezzamento?

3.5. Com'è il terreno?

3.6. Cosa si produce per l'autoconsumo? Quanta parte dell'appezzamento occupate?

3.7. Quante persone lavorano nell'appezzamento? (Quanti sono i membri della famiglia?) Orari di lavoro.

3.7.1. Avete un aiutante retribuito? Permanente o stagionale?

3.8. Tutte le parcelle hanno l'acqua? È acqua di pozzo? È comunale?

3.9. Per quanto riguarda l'infrastruttura del lotto:

3.9.1. Capannone di stoccaggio della produzione

3.9.2. miniera d'acqua

3.9.3. autocarro/utility

3.9.4. luce elettrica

4. Produzione.

4.1. Quali sono le attrezzature utilizzate per la produzione? Le avete tutte? In caso contrario, come gestite la produzione?

4.2. Esiste una regolarità nella produzione? (mese/anno)

4.3. A quanto vendete i vostri prodotti?

4.4. Da quando siete entrati a far parte del Gruppo, avete subito delle perdite di raccolto (gelo, siccità, pioggia, ecc.)?

4.5. Le produzioni dei soci sono state realizzate per il mercato?

4.6. Cosa si fa con ciò che non si riesce a vendere? Quando si perde?

4.7. Su quali colture usa i pesticidi? Con quale frequenza li applica? Dove li acquistate? Come li pagate?

4.8. Qualcuno nella sua famiglia ha mai avuto problemi con il veleno?

4.9. Cosa si fa con l'imballaggio?

4.10. Utilizza pratiche di controllo naturale dei parassiti e/o di concimazione organica per le sue colture?

4.11. Disponete di assistenza tecnica? Con quale frequenza? Con quale frequenza? È un costo elevato per voi?

4.11.1. Il progetto di fattibilità tecnica è stato rispettato?

4.12. Utilizza il credito agricolo? Per finanziamenti o investimenti? A quanto ammonta? Paga annualmente?

5. Commercializzazione.

5.1. Come viene commercializzata la produzione? Viene fatta direttamente con il "mercato" o c'è un intermediario?

5.2. Avete un mezzo di trasporto proprio?

5.3. Qual è la quota proporzionale dei trasporti nel valore ottenuto dalla vendita della produzione?

5.4. Pensate che i prezzi di produzione stiano migliorando o peggiorando?

5.5. C'è un aumento del posizionamento della vostra produzione sul mercato?

More Books!

yes I want morebooks!

Buy your books fast and straightforward online - at one of world's fastest growing online book stores! Environmentally sound due to Print-on-Demand technologies.

Buy your books online at
www.morebooks.shop

Compra i tuoi libri rapidamente e direttamente da internet, in una delle librerie on-line cresciuta più velocemente nel mondo! Produzione che garantisce la tutela dell'ambiente grazie all'uso della tecnologia di "stampa a domanda".

Compra i tuoi libri on-line su
www.morebooks.shop

info@omniscriptum.com
www.omniscriptum.com

OMNIScriptum

MIX
Papier aus verantwortungsvollen Quellen
Paper from responsible sources
FSC® C105338

Printed by Books on Demand GmbH, Norderstedt / Germany